高分辨率光学卫星遥感影像
在轨智能处理方法与应用

王 密　肖 晶　张致齐
潘 俊　朱 映　谢广奇　　著

科 学 出 版 社

北 京

内 容 简 介

当前，高分辨率遥感卫星技术正逐步迈向实时化、智能化和大众化服务阶段，基于智能遥感卫星实现遥感信息"快、准、灵"服务成为对地观测领域新的科技前沿和研究热点。在轨智能处理是智能遥感卫星实时服务的核心关键技术，基于软件定义、人工智能和在轨实时处理等技术，能够有效解决传统遥感卫星存在的服务链路长、系统响应慢、系统专用化等问题，实现面向用户终端的遥感信息实时智能服务。

本书面向传统遥感卫星存在的问题，系统阐述了智能遥感卫星实时服务体系架构、高分辨率光学卫星遥感影像在轨实时预处理、遥感影像在轨信息提取与智能处理、遥感影像高倍智能压缩等技术，通过将传统地面分析迁移上星，将传统的数据驱动模式转变为智能遥感卫星"在轨处理与实时传输"的信息服务模式，缩短了遥感系统服务链路流程，提高了数据下传效率。同时以珞珈三号 01 星（双清一号）智能遥感科学实验卫星为基础，介绍了在轨智能处理算法的实验验证及卫星实时智能服务系统的构建与应用验证。

本书可供遥感科学与技术、地球空间信息科学、航空航天科学等学科领域和高分辨率光学遥感卫星应用领域的工程开发人员、科研人员、管理人员参考，也可供航空摄影测量与遥感方向硕士研究生和博士研究生阅读。

图书在版编目（CIP）数据

高分辨率光学卫星遥感影像在轨智能处理方法与应用／王密等著. —北京：科学出版社，2024.5
　ISBN 978-7-03-077094-3

Ⅰ．①高… Ⅱ．①王… Ⅲ．①高分辨率－遥感卫星－遥感图像－图像处理 Ⅳ．①TP751

中国国家版本馆 CIP 数据核字（2023）第 224415 号

责任编辑：王　哲／责任校对：胡小洁
责任印制：师艳茹／封面设计：迷底书装

科 学 出 版 社 出版
北京东黄城根北街 16 号
邮政编码：100717
http://www.sciencep.com

三河市春园印刷有限公司印刷
科学出版社发行　各地新华书店经销
*
2024 年 5 月第 一 版　开本：720×1 000　1/16
2024 年 5 月第一次印刷　印张：12 1/2
字数：250 000

定价：148.00 元
（如有印装质量问题，我社负责调换）

序

　　高精度实时智能的卫星遥感系统是夺取全球"制空间信息权"的重要手段，是保障国家安全和应急响应、服务国民经济和大众民生的重要新型空间基础设施，也是当前世界科技竞争的战略制高点。在高分专项和国家空间基础设施专项的推动下，我国卫星遥感系统取得了辉煌成绩，在轨遥感卫星数量已达数百颗，实现了"从有到好"的跨越式发展。然而，遥感信息服务的时效性、有效性和智能化尚无法满足国家和大众化应用需求，存在业务链路长、系统响应慢、星上处理不智能、系统专用化等瓶颈问题，遥感信息"快、准、灵"应用服务面临巨大挑战。

　　早在 2005 年前后，我带领一批专家在国内率先提出通信、遥感、导航三大功能一体化、网络化的设想并开展深入论证工作。2013 年，国家自然科学基金委员会启动重大研究计划"空间信息网络基础理论与关键技术"，旨在突破空间信息网络理论与技术的诸多科学难题。该项计划从提出，酝酿 8 年、执行 8 年，共 16 年时间，全面完成既定任务，达到预定科学目标，结题验收被评为优秀。

　　王密教授在我的直接指导下，带领团队长期从事卫星遥感高精度处理与智能服务理论、方法与应用研究，2018 年获得国家杰出青年基金资助，项目结题被评为优秀并获得延续资助，担任珞珈三号 01 星技术总师、东方慧眼高精度智能遥感星座工程总师。他是国内最早参与遥感影像在轨处理技术研究和应用的研究人员，早在 2013 年就与北京理工大学龙腾院士团队合作，完成了我国海洋卫星在轨目标检测与定位处理系统研制，此后，他的研究工作持续获得了多项研究项目和型号研制项目支持。该书是我们团队在珞珈三号 01 星科学实验卫星进行在轨实验和验证基础上对遥感卫星在轨处理与智能服务研究成果的系统性总结，涵盖了高分辨率光学卫星遥感影像实时智能服务体系、遥感影像在轨预处理、在轨智能信息提取、遥感影像高倍率智能压缩和珞珈三号 01 星智能遥感科学试验卫星实时服务系统测试验证等内容，从任务驱动、星地协同的角度实现了遥感影像感兴趣区在轨精准提取、实时处理与智能服务，解决了传统遥感系统业务链路长、任务不聚焦、系统响应慢、难以满足高时效用户应用需求的问题，并在珞珈三号 01 星上得到应用验证，实现了面向地面移动终端用户的遥感信息实时智能服务。该书的理论与技术成果可为智能遥感卫星平台设计、在轨智能处理、服务示范系统等领域研究人员提供重要参考。

　　未来，随着 5G/6G、云计算、物联网和人工智能等新技术的发展，人类即将全面进入万物互联时代。为了应对万物互联时代的地球空间信息产业服务需求，遥感技术从孤立的遥感卫星走向空天地信息网络成为必然趋势。期待越来越多的科研工作者能加入到高分辨率卫星遥感高精度处理与智能服务研究中来，为我国卫星遥感信息实时智能服务技术的跨越式发展贡献力量。

中国科学院院士、中国工程院院士

2024 年 5 月

前　　言

近 10 年来，卫星遥感技术飞速发展。2010～2020 年我国高分辨率对地观测系统重大专项的实施，更是推动了我国高分辨率卫星遥感从"有"到"好"的技术跨越，为全球测图、应急响应、资源调查、国情普查等提供了全球覆盖、多维感知的对地观测能力。当前，空间信息网络和人工智能等技术的发展为遥感卫星信息服务模式带来了新的机遇，以用户需求为驱动的遥感信息实时智能服务成为了遥感卫星发展的新目标。

新型智能遥感卫星是将遥感卫星接入卫星通信和地面通信的融合网络，通过软件定义、人工智能和在轨实时处理等技术，实现面向用户终端的遥感信息实时智能服务。相对于传统遥感卫星，智能遥感卫星具备信息直达移动终端、数据在轨智能处理、软件定义开放平台的优势，能够实现卫星遥感系统"快、准、灵"的实时智能服务，属于国家的重大战略需求和世界科技前沿。

在轨智能处理是智能遥感卫星实时服务的核心技术之一。传统的遥感卫星采用数据驱动模式，用户提交需求后需经地面管控中心集中规划形成任务指令、地面站在卫星过境时进行指令上注、卫星依据指令对目标进行成像并在卫星过境地面站时进行数据下传、数据处理中心对原始数据进行处理再将产品信息分发到用户手中。这种传统服务模式链路长，原始遥感数据量大，数据下传速度慢，用户需要经过十几天甚至一个月才能获取数据，难以满足灾害应急、国防安全等高时效用户的应用需求。因此，亟须发展高分辨率卫星遥感影像在轨智能处理技术，通过将传统地面分析迁移上星，将传统的数据驱动模式转变为智能遥感卫星"在轨处理与实时传输"的信息服务模式，缩短遥感系统服务链路流程，提高数据下传效率，为用户快速提供所需的信息产品。

在此背景下，本书作者及研究团队结合多年来从事遥感影像在轨处理和遥感卫星实时智能服务的算法研究成果与系统研制经验，系统阐述了智能遥感卫星实时服务体系架构、高分辨率光学卫星遥感影像在轨实时预处理、遥感影像在轨信息提取与智能处理、遥感影像高倍智能压缩等技术，并以珞珈三号 01星(双清一号)智能遥感科学试验卫星为基础介绍了卫星实时智能服务系统及其性能。

　　本书是作者及研究团队近 10 年来在本领域持续研究和承担 20 余颗光学遥感卫星在轨处理系统研制工作的总结，同时也吸收了本领域国内外同行的研究成果和经验。本书的出版感谢国家重点研发计划项目（项目编号：2022YFB3902800）、国家自然科学基金杰出青年基金项目（项目编号：61825103）的资助，感谢航天东方红卫星有限公司和东方航天港对卫星研制与发射提供的帮助，同时感谢项目组仵倩玉、郭贝贝、戴荣凡、项韶、王慧雯等博士生对本书所做的大量工作。

　　由于作者的专业范围和水平有限，错漏之处在所难免，敬请读者批评指正。

作　者

2024 年 5 月

目　　录

第1章 绪 论

目前，全球遥感卫星正在不断向分辨率更高、观测谱段更多、重量更轻、重访周期更短、成像更稳、定位精度更准的方向发展，越来越多地在国防、资源调查、应急响应等领域扮演愈加重要的角色。据航天卫星数据库，截至 2023年 12 月全球遥感卫星在轨数量已达近 1300 颗，已初步形成面向不同需求、不同任务的多层次空间对地观测系统。其中，美国建成了以高分辨率对地观测卫星 WorldView 系列为代表的光学遥感卫星体系，并进一步利用 RapidEye、SkySat 等小卫星星座实现全球监测服务；法国 SPOT 和 Pleiades 系列组成卫星星座，实现了每天两次的全球观测重访能力。

随着航天技术的进步，我国卫星产业得到了快速的发展。2010~2020 年高分辨率对地观测系统重大专项的实施，推动了我国高分辨率光学、高光谱、雷达等卫星的快速发展，为全球测图、应用响应、资源调查、国情普查等提供了全天时、全天候、全球覆盖的对地观测能力。自 2015 年开始，随着我国商业航天政策的制定，陆续成立了一批商业遥感公司，形成了北京二号、吉林一号、高景、珠海一号等卫星星座，逐步满足亚米级超高分辨率遥感数据的应用需求。近年来，在国家相关政策引导下，国内企业和研究机构积极参与到低轨巨型星群系统的建设和规划中，以推动相关技术的创新和发展。

过去几十年里，我国卫星遥感实现了从有到好的技术跨越，在轨遥感卫星数据达 300 余颗，但是遥感卫星的应用仍停留在传统模式，遥感信息服务的时效性、有效性和智能化水平与通信和导航卫星相比还存在一定差距。随着 5G/6G、云计算、物联网和人工智能等新技术的发展，人类已经进入万物互联时代。为了应对万物互联时代的地球空间信息产业服务需求，遥感卫星从传统的数据服务走向智能遥感卫星"快、准、灵"的信息智能服务是必然趋势。

(1) 从服务滞后向服务快速与实时转变。

传统的遥感卫星服务模式采用数据驱动模式，用户提交需求后需经地面管控中心集中规划形成任务指令、地面站在卫星过境时进行指令上注、卫星依据指令对目标进行成像并在卫星过境地面站时进行数据下传、数据处理中心对原始数据进行处理再将产品信息分发到用户手中。这种服务模式链路长，遥感卫星获取的原始数据量大，数据下传速度慢，地面获取数据后需要经过数小时甚至几天的等待才能拿到数据，难以满足灾害应急和国防作战等高时效用户的应用需求，亟须开展遥感影像在轨处理和智能服务研究，提高遥感信息服务的时效性。

（2）从实时定位精度低向定位准确转变。

高精度数据处理是卫星遥感工程建设的核心，也是其发挥应用效能的关键。相比发达国家，我国卫星遥感事业起步较晚，核心器件受限存在硬差距、核心技术受到封锁存在软差距，尽管我国卫星遥感影像的空间分辨率达到了亚米级，但几何精度与发达国家存在 1~2 个数量级的巨大差距。国家全球发展战略迫切需要利用超高分辨率的光学卫星遥感影像实现全球重点和热点地区 1:10000 甚至更大比例尺无需地面控制的卫星遥感影像直接制图，亟须开展超高分辨率光学卫星遥感几何定位的理论和技术研究，提高遥感影像的定位水平。

（3）从应用固化向应用灵活转变。

当前，遥感技术在各行各业的应用已经变得逐渐广泛起来。不同行业、不同领域的用户对遥感数据的产品需求从单一化、阵式化逐步向多样化、专题化，从静态调查到动态监测、预测和预报，从一般性应用到批量业务化运行转变。然而，传统的遥感卫星系统主要面向专业用户定制，系统固化度高、专用化强、可扩展性差，难以满足多样化遥感信息服务需求。除此之外，我国当前通信、导航、遥感卫星系统各成体系，无法满足大数据时代广大用户的实时化、智能化、多元化需求，也难以实现市场化和国际化。亟须研制高质量、多样化应用的智能遥感卫星，开展通导遥一体化的集成服务研究，提高遥感卫星服务的灵活性和智能化水平。

近年来，人工智能和空间信息网络的发展为遥感卫星数据服务模式带来了新的机遇。国内外学者和机构对遥感卫星数据服务的新模式展开了众多有益探索，竞相提出多种卫星遥感信息实时智能服务的发展理念，研究并发展支持在轨处理和实时服务的遥感卫星系统，旨在实现星上获取数据的实时处理和端到端信息传输。智能遥感卫星的研发应用打破了传统卫星遥感系统应用模式，能够提高应急响应效率，有利于提升用户体验、扩展用户市场，为遥感影像的大众化服务提供有力支撑。本章旨在总结国内外智能遥感卫星以及在轨处理技术的发展现状，分析智能遥感卫星的发展趋势，并论述遥感卫星在轨智能处理的关键技术与算法，给出遥感卫星在轨实时处理架构、智能服务模式以及典型应用场景。

1.1　智能遥感卫星的发展现状与趋势

从 20 世纪末开始，国内外学者就智能遥感卫星问题展开了不同层次的讨论，探索卫星遥感发展的新方向。在轨处理、人工智能等技术的发展为遥感卫星信息服务模式带来了新的机遇，以用户需求为驱动的遥感信息实时智能服务成为了遥感卫星发展的新目标。自 20 世纪 90 年代以来，国外航天遥感大国十分注重数据在轨实时处理技术发展，积极开展卫星在轨智能化处理的研究和试验，验证了在轨数据压缩、地物分类、变化检测等处理算法，如美国海军的NEMO(Nanosatellite for Earth Monitoring and Observation)卫星(Wilson and Davis，1999)、德国宇航局的 BIRD(Bi-Spectral Infrared Detection)小卫星(Zhukov et al.，2006)、欧洲航天局的 PROBA(Project for On-Board Autonomy)卫星(van Mol and Ruddick,2004)等。近几年国内也掀起了遥感卫星智能化发展的浪潮，相继在发射的吉林一号光谱 01/02 星、高分多模卫星、新技术试验卫星 G 星等卫星上在轨验证了产品处理、目标提取、应急智能处理等多种影像处理技术的有效性。2023 年发射了首颗互联网智能遥感科学试验卫星珞珈三号 01星，开创了遥感卫星"在轨处理+实时信息服务"的新模式(李德仁等，2022)。

1.1.1　发展现状

1.　国外智能遥感卫星发展现状

智能遥感卫星起源于星上在轨处理技术，国外对星上在轨实时处理系统构建技术的研究已超过二十年。欧美等国家或地区针对不同应用需求，基于DSP(Digital Signal Processor)、FPGA(Field Programmable Gate Array)、ASIC(Application Specific Integrated Circuits)、SoC(System on Chip)等多种技术手段构建在轨处理系统，实现了特定的在轨图像处理算法，具体如表 1-1 所示。

表 1-1　国外星载实时处理技术应用情况

卫星/国家或地区	空间分辨率	在轨处理	发射年份	硬件架构
UoSat-5/英国	2km	图像分析、处理、压缩	1991	T800 INMOS transputers
TiungSat-1/马来西亚	72m(多光谱)1.2km(气象)	压缩、云检测	2000	T805 INMOS transputers
EO-1/美国	30m	在轨高光谱数据云判、感兴趣区域提取以及区域变化检测等处理(Ungar et al.，2003；Chien et al.，2002)	2000	MongooseV 处理器

续表

卫星/国家或地区	空间分辨率	在轨处理	发射年份	硬件架构
BIRD/德国	370m(HSRS) 185m (WAOSS-B)	辐射校正、几何校正、特征提取、图像分类等(Zhukov et al., 2006; Halle, 2000)	2001	TMS320C40 浮点 DSP、FPGA 和 NI1000 网络协处理器
FedSat/澳大利亚	12m	数据压缩	2002	FPGA
NEMO/美国	60m(COIS) 5m(PIC)	超光谱数据在轨实时自动数据分析、特征提取和数据压缩处理,并将处理结果直接下行地面应用(Wilson and Davis, 1999)	2000	SHARCDSP
X-Sat/新加坡	12m	无效数据自动剔除(Bretschneider et al., 2005)	2006	Virtex FPGA Strong ARM
TacSat-3/美国	4m(高光谱)	自主规划超光谱成像仪采集方式、图像数据实时处理及存储等(Matthews, 2009)	2009	—
PROBA-2/欧洲	—	星上光谱通道可编程、光谱通道合并(Gantois et al., 2006)	2009	DSP 处理系统
Pleiades-1/2/法国	0.5m(PAN) 2m(MS)	星上图像数据的采集、校正、压缩等在轨处理(Lussy et al., 2012)	2011/2012	以 FPGA 为核心的 MVP 模块化处理器
TET-1/BIROS/德国	42.4m(可见光) 178m(红外)	多种类型遥感影像预处理、在轨多光谱分类、星上数据下行链路(Nolde et al., 2021; Fischer et al., 2015; Lorenz et al., 2015)	2012/2016	—
SBIRS GEO 1/2/3/4/5/6/美国	—	影像冗余背景数据去除、感兴趣目标检测跟踪及切片数据下传(韩晋山等, 2019)	2011-2022	
Phisat-1/欧洲	83m(可见近红外) 390m(热红外)	在轨云检测,并自动过滤云层覆盖的不可用数据(Esposito et al., 2019)	2020	英特尔 Myriad 芯片(VPU)
黑杰克项目 4 颗卫星/美国	—	卫星数据在轨自主处理、自主运行并执行任务(胡碥旎等, 2021)	2023	Pit Boss 自动任务管理系统

　　为了进一步促进遥感数据实时处理与传输的发展。2001 年,美国航空航天局(National Aeronautics and Space Administration, NASA)提出智能遥感卫星的概念,指出智能遥感卫星系统是由多种成像模式的遥感器、在轨数据处理和强大的数据通信系统组成,以用户需求为任务驱动,能够为多种用户提供高时效性的全球空间信息服务(Zhou and Kafatos, 2002),为未来对地观测系统描绘了

宏伟的蓝图(图 1-1)。并且 NASA 开展了相关的航空科学试验,形成了自动运行的传感器网络,按照用户需求或者突发事件的优先级综合利用多种卫星传感器,进行智能化对地观测。2014 年,美国国防预先研究计划局(Defense Advanced Research Projects Agency, DARPA)提出了通信遥感一体的 SeeMe(Space Enabled Effects for Military Engagements)计划(Crisp et al.,2014),可以使用地面移动终端直接指挥有效载荷操作并接收图像,验证了 SeeMe 项目的"指定位置拍摄"军事战区作战行动概念,指明了未来实时遥感星座发展的一个新方向。2019 年,洛克希德·马丁公司首次推出智能卫星(SmartSat)技术,为用户提供无与伦比的弹性和灵活性,以适应不断变化的任务需求和技术。

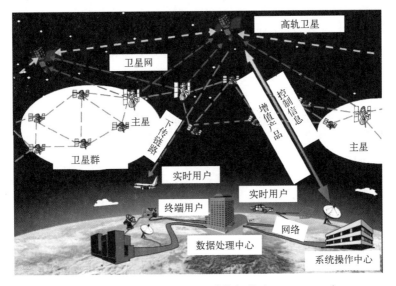

图 1-1　智能地球观测卫星系统架构(Zhou,2002)

这些智能对地观测系统将实现遥感数据获取、分析和通信系统的在轨集成,可为全球各类用户实时提供对地观测数据以满足各个领域应用需求,集中体现了面向任务需求的卫星网络星地协同处理思想。任务是触发卫星进行数据获取、处理、传输的开关,目前的任务驱动方式可以大致分为主动和被动两种方式。被动的任务驱动方式的应用较为广泛,通过地面上注指令,告知卫星观测目标的地理位置、范围、任务类型等,卫星调整姿态、轨道,有针对性地对目标区域进行观测,并展开必要的在轨处理再传输至地面,例如,美国商业卫星数据公司 DigitalGlobe 在 2011 年日本发生 9.0 级地震之后,调集 QuickBird、WorldView-1、WorldView-2 三颗卫星对日本东部海岸进行数据采集,并传输至公司数据处理与分析总部,总共用时不到 1 小时(Zhao et al.,2012)。主动的任务驱动方式需要使用卫星知识库已经存储的相关任务类型信息,一旦卫星检测到任务目标,即进行在轨处理并发送至地面。由此可见,两种方式均可作为遥感数据星地协同高效处理的任务驱动方式。

从国外研究现状来看,国外对地观测逐渐从单星、简单任务的在轨处理模式发展到多星、多任务的星地协同处理模式,并逐步向多星智能对地观测系统方向发展,任务驱动方式也将从地面任务驱动朝着事件感知的智能化方向发展,这些研究成果与发展趋势对我国卫星智能对地观测发展具有很强的借鉴意义。

2. 国内智能遥感卫星发展现状

在智能遥感卫星系统的顶层设计方面,国内众多学者和机构竞相提出了多种智能遥感卫星的发展思路。中国科学院张兵研究员提出了新一代"智能遥感卫星系统"的概念并介绍了其主要特点,设计了一套具有自适应成像和应用模式优化能力的智能高光谱卫星有效载荷系统,构建了具有工作成像模式优化、信息快速生产和发送能力的智能遥感卫星系统,为当前高空间分辨率、高光谱分辨率、高辐射分辨率地球观测卫星技术发展提供了一个重要前沿方向(张兵,2011);航天东方红卫星有限公司从 2013 年底开始酝酿"智能遥感卫星"概念,在 2014 年和 2015 年进行了相关技术的储备,并在 2016 年初提出了一种具备开放软件平台、网络接入、可以支持第三方灵活开发并上注应用软件的智能遥感卫星系统,提出的智能遥感卫星系统主要由智能遥感卫星、地面网络及云服务中心组成(杨芳等,2017)。

针对遥感影像在轨处理技术,国内众多高校和科研院所也开展了大量研究工作。北京理工大学、武汉大学、西安电子科技大学、北京遥感信息研究所、航天五院西安分院、中国科学院自动化研究所等单位开展了光学遥感图像在轨实时处理系统研制的相关技术论证和研究工作。在"十二五"期间,国内遥感对地观测领域对在轨实时处理平台和系统的研究越来越重视,并完成了我国第一个在轨目标检测系统的研制和在轨应用。国家 863 计划规划了"星上遥感数据智能实时处理技术与系统"重大项目,由北京理工大学牵头,北京遥感信息研究所、航天九院771所、武汉大学、中国科学院对地观测与数字地球科学中心等多家单位参与,重点开展光学遥感卫星自主抗辐照处理芯片、在轨处理方法和系统构建技术研究。北京理工大学和武汉大学紧密合作,针对我国目前最大幅宽光学遥感卫星,完成了在轨典型目标实时检测和定位系统的研制,在轨应用取得良好的效果,这也标志着我国星上遥感数据智能实时处理实现了零的突破。西安空间无线电技术研究所利用大规模 FPGA 与多核 DSP 设计了星上在轨处理平台，支持基于深度学习模型的目标检测与识别（璩泽旭等，2022）。西安交通大学面向星上遥感影像在轨处理任务，设计了一种 FPGA-DSP 可重构异构计算单元，通过分时加载的方式，支持 4 类 FPGA 程序和 6 类 DSP 程序进行重构，从而实现辐射校正、云判、感兴趣区域提取等不同任务功能（王元乐等，2022）。山东航天电子技术研究所利用国产商用高性能神经网络加速器寒武纪创智 2 号，采用 FPGA+CPU+NPU+DSP/GPU 的处理架构研制了图像在轨实时处理器，并进行了专门的抗辐照加固与散热设计，以满足空间环境应用要求（伍攀峰等，2022）。

近几年，国内在不同类型的卫星上也开展了在轨遥感影像处理的实验。由上海航天技术研究院自主研制的浦江一号（Pujiang-1）卫星，通过单星地表电磁环境探测与小型可见光相机联合使用的模式，在轨可提供地球表面电磁辐射环境探测数据并分析数据，对信号异常区域进行定位，可实时引导光学相机对该区域成像，实现工作区域内的多维态势感知（陈占胜，2016）。中国科学院软件研究所于 2018 年发射的"天智一号"卫星，是我国首颗在轨软件定义卫星，其主要载荷包括 1 台超分相机、4 台大视场相机以及云计算平台。通过云计算平台智能调配计算节点，"天智一号"卫星可以在轨完成大部分数据处理工作，并将处理结果下传地面（李丹等，2018）。中国空间技术研究院发射的高分辨率多模综合成像卫星（GFDM）通过利用在轨实时图像产品处理系统完成了目标提取、系统辐射校正、CCD（Charge-Coupled Device）拼接、系统几何校正以及其他处理，成功地生成感兴趣区域的 2 级图像产品，并将其快速分发给用户终端（汪精华等，2021）。武汉大学研制的珞珈一号 01 星（Luojia-1 01）夜光遥感卫星已实现在轨几何定标和相对辐射定标（Zhang et al.，2019）。长光卫星公司发射的吉林一号（Jilin-1）光谱 01/02 星配备了遥感应急在轨智能处理系统，具有森林火灾和海上船舶的自动识别、搜索和定位功能（眭海刚等，2020）。于 2020 年发射的新技术试验卫星 G 星主要用于对地球观测任务进行在轨实时遥感信息提取的技术验证。武汉大学与航天东方红卫星有限公司在 2017 年成立了"智能遥感卫星"联合研究中心，旨在开展未来智能遥感卫星系统的关键问题研究和技术开发，共同推进智能遥感卫星人才队伍建设；双方自 2017 年开始合作策划、研制并发射了首颗互联网智能遥感试验卫星——珞珈三号 01 星（Luojia-3 01），历经五年多的技术攻关，该星于 2023 年 1 月 15 日发射成功，验证了在轨多模式任务编排、在轨高精度定位与智能处理、用户移动终端直连与数传等科学试验任务(李德仁，2023)。

在对地观测实时智能服务系统方面，国家自然科学基金委员会结合我国高分辨率对地观测系统重大专项的发展，于 2013 年正式启动了空间信息网络基础理论与关键技术重大研究计划，旨在解决空间信息网络在大覆盖范围、高动态断续条件下空间信息的时空连续性支持问题，为提升全球范围、全天候、全天时的快速响应和空间信息的时空连续支撑能力提供保障(李德仁等，2015)。武汉大学李德仁院士团队长期从事智能遥感方面的研究，2016 年提出卫星通信、导航、遥感一体的天基信息实时服务系统(Positioning, Navigation, Timing, Remote Sensing and Communication，PNTRC)，通过多载荷集成、多星协同、天地网络互联，解决通信、导航与遥感卫星自成体系、信息分离和服务滞后的问题(李德仁等，2017)；并在 2017 年提出未来空间信息网络环境下对地观测脑的理念(图 1-2)，即一种模拟脑感知、认知过程的智能化对地观测系统，通过结合地球空间信息科学、计算机科学、数据科学及脑科学与认知科学等领域知识，在天基空间信息网络环境下集成测量、定标、目标感知与认知、服务用户为一体的一种智能对地观测(李德仁等，2017)。

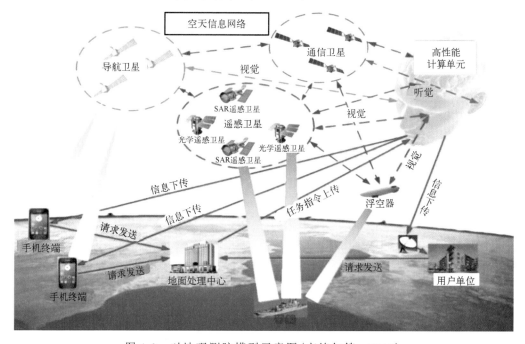

图 1-2　对地观测脑模型示意图(李德仁等，2017)

1.1.2　发展趋势

智能化对地观测技术具有重要的战略地位和广泛的应用潜能，目前国内外机构对智能遥感卫星的研究与实践已经取得了一定进展。然而，卫星在轨处理平台定制性强，体系结构封闭，在轨处理功能难以综合复用，且数据处理自动化程度低，信息提取的时效性较差，难以自适应应对复杂场景的在轨智能处理。当前遥感卫星系统功能设计、数据智能化处理方面仍有一定的提升空间。如何有效发挥智能遥感卫星的潜能，打破常规卫星定义和服务模式，全面提升卫星智能化水平，拓展卫星功能，加强卫星管理与运营效率，仍然需要进一步深入研究并转化到实际应用中。随着空间信息网络、人工智能等技术的突破，遥感卫星智能化呈现出新的发展趋势。

(1) 卫星设计从硬件定义到软件定义。

软件定义卫星具有可重构优势，能有效延长在轨卫星的使用寿命，实现辐射功率、带宽、覆盖范围和技术性能的与时俱进。它不仅可以为无人机、飞机和舰艇编队提供更加机动灵活的通信保障服务，还可以为人们提供诸如精确导航、授时、精细化观测、空间态势感知等多样化服务。更为重要的是，软件定义卫星采用了开放系统构架，符合标准的软硬件都可在不同卫星平台之间灵活使用，将进一步扩充卫星系统的运用能力。

(2) 服务模式从任务驱动到事件感知。

服务模式是体现智能化水平的一个重要因素。目前在轨智能处理任务均是通过地面上注任务需求来实现特定目标的规划、成像、处理、传输、分发，这种服务模式称为任务驱动。将来，随着卫星智能处理能力增强，在卫星正常运行过程中，便具备对某种或者多种敏感事件的感知能力，例如，对地震、火灾、洪灾或者某种监视的目标进行自主识别，通过精准处理后将结果传输地面，推送到感兴趣的用户，这种服务模式称为事件感知。具有事件感知服务能力的卫星具有极强的智能水平，对处理过的任务以及对应的用户具有记忆功能，甚至具备举一反三的能力，敏锐识别地面的异常或者感兴趣目标。

(3) 智能水平从单星智能到多星协同群体智能。

随着人工智能的发展，智能卫星单星智能将会逐步增强。但由于单颗卫星单次侦照范围有限，数据来源也通常较为单一。为了解决单星智能的局限性，将来遥感卫星智能化水平还将体现在多星协同的群体智能。在多星协同下，不仅可以提高数据获取效率，而且基于多源数据融合处理，可以得到更加可靠和全面的信息，使卫星服务能力进一步增强。

(4) 卫星功能从单一化到通导遥一体化。

为了实现信息快速获取、智能处理、实时传输,通信、导航、遥感三大功能必须有机结合。在李德仁院士提出的对地观测脑中,天上遥感卫星观测星座、导航卫星星座与空中浮空器等作为对地观测脑的视觉功能,通过视觉功能实时获得目标区域的影像、地理空间坐标等一系列观测数据。通信卫星星座作为对地观测脑的听觉功能,通过听觉功能实现视觉功能中遥感卫星观测星座、导航卫星星座、浮空器之间的通信及信息传递,此外也实现天上对地观测脑与地面控制中心、个体用户及用户单位之间的通信与信息传递。在对地观测脑中,遥感卫星、导航卫星、通信卫星、浮空器等设备除了提供视觉、听觉功能外,还充当对地观测脑中大脑的分析节点,类似于人脑中的脑细胞,根据用户需求每个脑分析节点分布协同工作,对获取的观测数据处理分析获取用户需求的数据信息。

(5) 管理方式从测控运控分离到测运控一体化。

遥感任务通常分为任务规划、卫星测控、载荷遥感、数据回传、数据处理五个阶段实施。我国的天基信息网络存在测控中心、运控中心、天地基资源管理中心等多个部门,任务规划由运控中心和天地基资源管理中心配合完成,卫星测控由测控中心和天地基测控通信系统配合完成,数据回传由天地基测控通信系统完成。这种由多个中心配合完成卫星应用任务的模式,难以解决任务指令上注所需链路资源、遥感数据获取所需空间和时间资源、载荷数据传输所需链路资源之间的统一分配调度等问题,导致任务规划时间相对滞后,有时无法满足任务的实时性需求。因此,根据空间信息服务的实时化和智能化需求,针对当前天基信息网络在测控、通信、运控三方面所面临的压力,需要研究测控通信运控一体化应用服务系统,融合测控中心、运控中心和天地基资源管理中心,使得遥感卫星对地观测和星间星地链路数据传输更加智能和高效。

1.2 智能遥感卫星在轨处理与实时服务

遥感卫星数据在轨智能处理与实时服务是智能遥感卫星的重要组成部分,通过在轨完成遥感数据的实时处理与信息提取生成用户所需的数据信息,并将有用的数据信息及时传送给用户,提供卫星端到用户端的遥感信息智能服务。

然而,卫星受宇航级处理器性能以及卫星功耗和成本等限制,星上计算、存储和传输等资源有限,导致传统地面以标准景为核心的数据处理方式无法适用于星上。遥感卫星数据在轨智能处理与实时服务面临如下挑战:一是遥感数据观测范围广，传统输入即处理的模式会处理大量云层遮挡的无效数据以及用户不关心的无用数据，导致资源浪费和任务不聚焦；二是星上存储资源有限，无法保存大数据量的控制点数据，在轨定位和几何处理精度较差，难以满足任务所需的高精度定位需求；三是星上算力资源有限，信息提取精度和处理效率通常较低，难以提供高可靠、高时效的遥感信息；四是星地传输带宽有限，数据下传能力难以匹配遥感数据获取速率，导致在轨获取数据无法及时下传，制约用户获取遥感数据信息的时效性。这些问题表明遥感卫星在轨智能处理与实时服务无法采用传统地面处理与服务的方式以及地面依靠大量控制点和训练样本的定位处理和信息提取算法。因此，需要发展适配受限资源环境的在轨处理算法，并建立合适的在轨处理架构与实时服务模式，从而实现端到端高效服务。

1.2.1　智能遥感卫星在轨处理技术

智能遥感卫星在轨处理旨在从海量数据中快速提取用户所需的遥感信息，为遥感卫星实时智能服务提供数据支撑。智能遥感卫星在轨处理技术包括遥感影像在轨实时预处理、在轨信息提取与智能处理、影像高倍率压缩等。

1. 遥感数据在轨实时预处理

遥感数据在轨实时预处理主要完成地理位置计算与影像的辐射几何处理，生成带有地理信息的兴趣区域影像产品，为遥感卫星智能化服务提供目标区域的几何信息和基础影像产品。

(1)在轨实时定位。

在轨高精度定位主要基于成像几何模型，获得影像像点坐标对应的准确物点坐标。定位精度与内、外方位元素的精度紧密相关，主要包括姿态与轨道参数和相机参数。姿态与轨道参数中存在的一些测量误差由在轨实时定姿定轨或地面事后处理技术进行补偿。卫星在轨运行时星上真实相机参数通过在轨几何定标技术确定。在定姿定轨和几何定标的基础上，以严密成像几何模型为基础，通过星载坐标测量系统计算出相机的空间轨道位置、姿态、对地视轴指向等参数，实现成像传感器上像元对应地面位置的定位解算。然而，受星上硬件环境的制约，传统地面几何定位解算算法复杂度高，难以做到实时和高效。因此，需要研究影像在轨实时快速定位解算方法以及在轨优化方法。根据星上环境下的存储能力和处理能力，采用星地协同的处理机制，构建适用于星上资源环境的光学卫星严密成像共线方程模型，对目标位置进行解算，结合地面内外定标系统对星上成像模型参数进行修正及优化，实现在轨高精度定位。

(2)在轨兴趣区影像产品处理。

在轨兴趣区域产品处理旨在实现面向兴趣区的遥感卫星影像在轨辐射和几何校正、视频产品、全色多光谱融合影像产品等处理,为各类用户实时提供多样化基础影像产品。由于星上计算、存储和传输等资源有限,在轨产品处理难以直接适用传统处理模式和地面处理算法。传统处理模式以遥感卫星标准景为核心,处理数据量、计算量、存储量、传输量大,给星上处理平台性能和星地数传带来巨大压力;此外,传统地面处理算法计算复杂高,需结合星载硬件特点,改进和优化传统地面算法,精简几何校正、视频稳像等处理流程,在算法层面构建稳定的并行处理机制,提高处理效率。因此,在轨产品处理必须转变传统地面数据处理模式和方法,建立适合星上受限资源下的处理框架,发展适配实际星载应用的在轨影像产品处理方法,实现对任务所需区域多类型影像产品的在轨实时生产,以满足遥感数据的高时效性信息服务需求。

2. 遥感数据在轨信息提取与智能处理

遥感数据在轨信息提取与智能处理主要实现从获取遥感影像中剔除云区覆盖的无效数据,并自动识别和提取所需地物目标信息、变化信息等,为遥感卫星智能化服务提供遥感信息。

(1)遥感影像在轨云检测。

卫星在成像过程中,会受到云层的遮挡,导致地物光谱失真,影响影像采集质量和后续的判读。因此,有必要在生产前对采集地点和采集场景进行云检测,通过云判结果去除无效数据,减少后续处理的数据量。传统的方法主要利用云的光谱、纹理等特征,结合阈值法、支持向量机、聚类法等进行检测,然而在可见光和近红外有限的光谱波段条件下,利用光谱信息难以有效消除雪、冰和建筑物等类云地物对影像云检测的影响。云检测算法类别较多,每一类算法原理不同,计算过程中需要消耗的计算资源、内存资源、存储资源也各不相同,需发展合理的在轨云检测算法,保证检测可靠性和高效性。

(2)遥感影像智能在轨目标检测。

近年来,卷积神经网络(Convolutional Neural Networks,CNN)作为最热门的深度学习模型算法,其不需要人为设计目标特征,且会根据海量数据和标注自行进行有效特征提取和学习。另外,在训练数据充足的情况下,模型具有良好的泛化能力,能够在复杂多变的条件下依然保持良好的鲁棒性。因此,卷积神经网络模型已被广泛用于图像目标检测领域。但是高分辨率遥感影像存在背景复杂、影像大目标小、相同目标尺度变化大等特点,现有的目标检测架构难以有效耦合高分辨率遥感影像的特点，目标检测结果与实际工程应用需求还有一定差距。如何根据高分辨率遥感影像的特点，设计适合高分辨率遥感影像目标检测的卷积神经网络架构及制定最优的目标检测策略，需要开展进一步的针对性研究。星地协同处理和轻量化网络模型设计技术为实现在轨智能目标检测、保障目标检测算法在轨应用鲁棒性提供了有效途径。

（3）遥感视频在轨运动目标检测跟踪。

视频运动目标检测的任务是从场景序列图像中剔除静止的背景区域，找出运动的目标区域，并尽可能地抑制背景噪声和前景噪声，以准确得到感兴趣的运动目标。传统方法一般可分为背景差分法、帧间差分法和光流法。背景差分法对场景中的遮挡、光线等背景变化和噪声的影响很敏感；帧间差分法对"慢速"目标不敏感，对环境噪声十分敏感；光流法计算量较大，难以应用到遥感卫星视频目标的实时检测中。随着深度学习技术的发展，基于神经网络的动态目标检测成为现在研究的热点，它可以是通过对某一类目标大量样本的学习获得针对该目标的分类器，从而使用分类器在图像或视频中检测出该目标。这种方法类似于人类对外界环境认知和理解的过程，具有较快的检测速度和较高的检测精度。为了实现在轨典型目标的实时跟踪，亟须设计一种星地协同视频影像运动目标实时跟踪处理框架。

（4）遥感影像在轨变化检测。

已知目标兴趣区域（Region of Interest，ROI）的特征变化在轨实时检测是快速提取目标信息的有效手段，在民用和军用领域都发挥着重要的作用，如智慧城市、地表沉降监测、防灾减灾、地震预警、战场态势及毁伤评估等。由于不同时间、不同传感成像设备、不同条件下（天候、光照、摄像位置和角度等）获取的影像存在各种误差与畸变问题（系统或非系统因素产生），需要研究适合在轨条件的多时相遥感影像精确校正与配准方法，为后续变化检测提供良好数据基础，进一步开展基于稀疏计算的在轨实时变化检测方法，在轨进行遥感影像变化检测，快速准确得到地面感兴趣区域或目标的变化信息（灾害预警与灾情评估、典型目标信息提取与识别等），将有用的目标变化信息直接下传，节省传输与存储成本，实现海量遥感数据的稀疏在轨智能化高效处理。为实现在轨资源环境下的变化检测，本书建立了一种星地协同的变化检测框架，同时提出基于稀疏计算的多时相变化检测方法。

3. 遥感数据在轨高倍率智能压缩

遥感数据在轨高倍率智能压缩旨在应对星地间传输链路的有限带宽与遥感

影像对空间、时间和辐射分辨率的不断增长需求之间的冲突带来的挑战。通过去除遥感影像中的冗余信息，将其编码成二进制码流文件，降低卫星在轨数据传输量，减轻有限带宽下的数据传输压力（Blanes et al.，2014）。根据处理的影像类型，分为适用于遥感影像的在轨压缩和适用于遥感视频的在轨压缩。

（1）遥感影像在轨压缩。

遥感影像图像压缩最初采用预测编码的方式，但随着卫星图像分辨率提高，预测编码限制了压缩率，无法满足遥感应用需求。为此，发展出高性能有损压缩方法，如离散余弦变换（Discrete Cosine Transform，DCT），通过可逆变换和量化滤除高频信号，形成 JPEG（Joint Photographic Experts Group）和 JPEG 2000 等静态图像压缩方法。现有的多数在轨压缩方法对图像进行无差别对待，并没有考虑图像的感兴趣信息和背景信息，因此造成了较大的额外计算开销。目前的压缩方法，如果压缩比过高（如超过 60 倍时），则会导致严重的图像失真。在计算能力有限、数据量大的环境下，传统的压缩方法已不再适合在轨遥感图像的压缩。因此，需要针对当前星上受限环境，通过减少空间冗余并充分利用历史信息，发展基于 ROI 和基于历史影像参考的遥感影像高倍率智能压缩方法，满足在轨遥感卫星静态影像压缩需求。

（2）遥感视频在轨压缩。

动态图像压缩，也称为视频编码，需要综合考虑除了空间冗余外的时间冗余和视觉冗余，以实现更高倍率的压缩。视频编码技术主要有预测编码、变换编码和熵编码。为适应遥感应用需求，出现了基于 ROI 的压缩、任务驱动的编码和基于压缩感知的编码。在遥感视频的压缩研究中，需要特别关注星地传输带宽的限制，渐进式的压缩方法对具有时间稀疏性的视频的压缩非常重要。此外，遥感场景的背景信息相对稳定，遥感视频中除了空间和时间冗余，还存在一种特殊的数据冗余，即背景冗余。为提高遥感视频的压缩质量和压缩倍率，需要利用遥感视频帧间的时间冗余信息和背景冗余信息，实现在轨快速、高倍的视频编码。

1.2.2　智能遥感卫星实时服务模式

智能遥感卫星实时服务是在星上完成遥感数据的实时处理与信息提取的基础上，结合星地星间链路传输、移动终端接收、地面 5G/6G、地面管控等，将有用的数据信息直接传送至用户终端，基于在轨实时处理架构，面向不同应用需求提供遥感信息实时智能服务。

1. 遥感卫星在轨实时处理架构

遥感卫星在轨实时处理架构以用户的任务需求为核心，通过建立任务模型，对任务进行分类、描述和分解，依据星地资源能力模型与最优化等理论，进行任务的规划、执行和管理，实现空间信息网络环境下从任务描述、任务分解到资源调度的自动映射，满足从观测到决策"快、准、灵"的应用需求。图 1-3 为智能遥感卫星实时处理架构示意图。在地面网络、地面站、天基实时服务系统支撑下，智能遥感卫星基于地面处理平台上传的参数，利用星上在轨处理平台完成在轨处理和高倍率压缩，并通过星地直传链路或星间中继链路将数据下传至地面，最终传送给用户终端。在该处理架构中，地面功能单元负责任务管控和资源协同，以及历史数据累积、参数统计、系数解算、模型训练等，需要存储大量数据、消耗大量计算资源的耗时处理，支撑星上模型参数的优化和更新；星上功能单元使用地面上注的算法、配置、算法参数和任务指令，智能规划数据获取和处理流程，动态调整处理算法与参数，完成高质量实时成像、任务区域精准处理和信息提取，得到任务所需的有效数据，实现可配置的遥感数据星地协同智能实时处理，满足多样任务需求。该机制在任务的驱动下开展遥感数据处理，并协同星地各类资源和处理算法，有利于减轻高时效在轨处理的星上资源压力；改变了传统以影像产品为核心的数据迁移处理模式，转向以任务驱动的数据迁移与处理算法迁移结合的星地协同处理模式，能够解决受限环

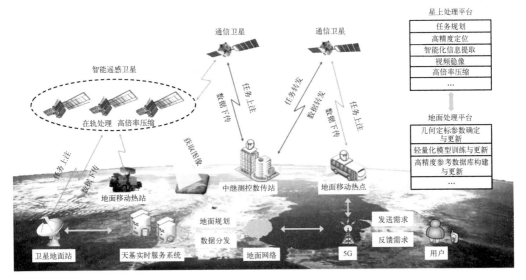

图 1-3　智能遥感卫星实时处理架构

境下星地海量遥感数据处理、信息提取与传输的瓶颈问题，实现星地可协同、任务可定制、资源可配置和处理智能化，使空间信息网络的有限带宽资源能够传输用户任务中最需要的数据和信息。

2.　遥感卫星智能服务模式

智能遥感卫星的典型服务模式主要包括位置感知、目标感知和变化感知三种类型。其中，位置感知主要是根据任务提供的位置信息（如经纬度信息）确定 ROI 范围，然后对 ROI 成像区域内的数据进行处理。目标感知区别于已知精确地理信息的处理流程，是一种以目标为驱动的处理模式，通过对成像数据流进行目标检测，来实现目标区域的数据处理。变化感知则是对成像范围内的变化信息进行提取。相对而言变化感知更为复杂，需要基于同源、异源多时相数据进行分析与检测，以在卫星成像过程中智能感知地物变化，并从海量数据中提取重要信息，以支撑后续多样化应用。位置感知模式需要被动地告知观测任务的地理位置，而目标感知和变化感知模式可使用卫星知识库已经存储的相关任务类型信息，一旦卫星检测到任务目标，即进行在轨处理并发送至地面，属于主动型的事件感知模式，有利于促进遥感卫星在轨自主化观测和处理。

（1）位置感知模式。

位置感知的处理对象包括视频数据和非视频数据。针对视频数据，首先根据任务位置信息对视频序列图像进行定位，基于 ROI 对视频进行稳像并判断是否进行云检测；然后通过视频压缩得到最终的结果；如果不需要云检测，则直接对获得的 ROI 视频进行压缩，得到最终结果。针对非视频数据，位置感知的处理流程是：首先根据任务位置信息对单帧图像进行定位；基于 ROI 对图像进行几何校正并判断是否进行云检测；如果需要云检测，则通过单帧图像云检测得到云检测二值化图像，然后通过图像压缩得到最终结果；如果不需要云检测，则直接对获得的 ROI 图像进行图像压缩，得到最终结果。

ROI 视频直播主要是针对用户感兴趣或者热点区域，如大型露天广场、旅游景点、重要交通枢纽等进行视频直播，满足用户查看该区域实时状态的需求。ROI 视频直播的处理类型是视频位置感知，卫星在轨处理流程主要包括视频序列图像定位、视频稳像和视频压缩，预期处理效果是能够通过境内地面站或中继卫星地面站，俯瞰所选热点区域的实时动态，进行视频直播。

（2）目标感知模式。

目标感知的处理流程主要是：首先根据待检测目标参数对数据流进行目标

检测，得到包含目标的 ROI 影像；然后分别对每个目标 ROI 影像进行影像定位和几何校正，得到目标 ROI 校正影像；最后进行图像压缩处理，得到目标 ROI 校正影像压缩结果。

目标检测主要是针对单帧图像数据进行识别检测，主要包括飞机、舰船、大型车辆等，相应区域包括机场、港口、高速公路或大桥等。目标检测的处理类型主要是目标感知，卫星在轨处理流程主要包括目标检测、目标定位和图像压缩，预期处理效果是能够通过境内地面站或中继卫星地面站，实现目标区域内重点目标的提取和数量统计。

(3)变化感知模式。

变化感知的处理流程主要是：首先根据任务位置信息对数据流进行 ROI 影像定位；基于历史影像或上传参考影像对定位后的影像进行影像匹配；对影像进行几何校正，并基于历史影像或上传参考影像进行变化检测；通过变化区域识别得到变化区域的语义信息；最后对图像进行压缩处理，得到顾及变化信息的压缩结果。

变化检测主要是针对单帧图像数据进行检测，包含两种星地协同处理模式：一是上注模式，在任务指令上注前，将历史参考影像等数据通过高速上行通道上注卫星；二是存储模式，针对特定区域两次或多次成像，将前一次拍摄影像处理后存储在卫星上，与后一次拍摄影像进行变化检测。变化检测任务的卫星在轨处理流程主要包括图像定位、图像配准、变化检测和图像压缩，预期处理效果是能够通过境内地面站或中继卫星地面站，对目标区域内的变化信息进行提取，得到变化范围、类型等拓扑语义信息。

3. 遥感卫星实时智能服务典型应用场景

根据遥感卫星通信传输链路及服务范围的不同，将遥感卫星实时智能服务场景分为基于境内地面站/地面移动热站的实时服务和基于中继卫星的实时服务两种类型。

(1)基于境内地面站/地面移动热站的实时智能服务场景。

基于境内地面站/地面移动热站的遥感卫星实时智能服务主要通过地面固定站/地面移动热站来进行任务上注和数据下传，从而实现在轨处理数据的分发，图 1-4 为基于境内地面站/地面移动热站的实时服务流程图。其主要步骤如下：首先针对用户对兴趣区域或目标的观测需求，通过集成演示验证客户端，提交观测任务需求，将地面网络上传到天基遥感信息服务系统，进行任务分析与规划生成任务指令，由地面测控数传站将任务指令上注智能遥感卫星；智能遥感卫星根据解析任务指令,在轨进行成像规划与卫星控制,当卫星过境任务区域时进行成像,获取所需图像;在轨智能处理单元实时对数据进行定位、几何校正、云检测、目标检测、变化检测、动目标提取与跟踪等处理,并进行智能高效压缩,经星地传输链路实时下传至地面接收站/地面移动热站;最后通过地面网络进行实时分发,通过手机基站或 WiFi 热点方式将在轨处理结果反馈给用户移动终端,从而实现分钟级的遥感信息智能信息服务。

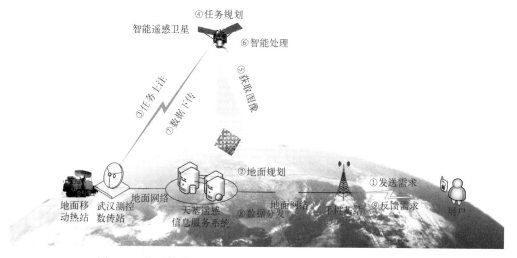

图 1-4　基于境内地面站/地面移动热站的实时服务流程图

(2)基于中继卫星的实时智能服务场景。

基于中继卫星的实时智能服务场景,主要通过中继卫星进行任务上注、数据转发和数据下传,在中继卫星的支持下,智能遥感卫星可实现全球范围内的实时信息服务,图 1-5 为基于中继卫星的实时智能服务流程图。其主要步骤如下:首先用户通过集成演示验证客户端提交观测任务需求,通过地面移动站或中继卫星控管中心进行地面任务规划与分析,并将任务指令上注至中继卫星;然后通过星间网络将任务指令转发到智能遥感卫星;智能遥感卫星在轨实现任务规划,当卫星过境任务区域时进行成像并获取图像;在轨智能处理单元实时对数据进行定位、几何校正、云检测、目标检测、变化检测、动目标跟踪等处理,并进行智能高效压缩;最后经星间传输链路将处理结果转发给中继卫星,再由中继卫星实时下传至中继卫星测控数传站或移动站,通过地面移动网络将在轨处理结果反馈给用户移动终端。

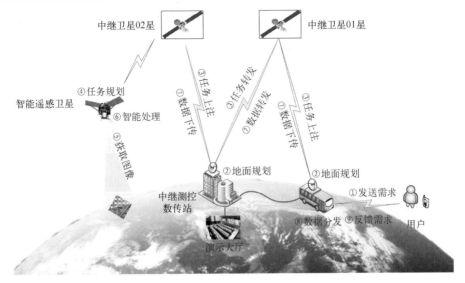

图 1-5 基于中继卫星的实时智能服务流程图

1.3 本书的内容与组织结构

本书围绕遥感信息实时智能服务科技前沿问题和国家重大需求,主要阐述遥感卫星实时服务体系架构、在轨智能处理关键技术和遥感卫星实时智能服务系统,共由 6 章组成。

第 1 章为绪论,对智能遥感卫星的发展现状与趋势进行分析与总结,对智能遥感卫星在轨处理技术进行简要说明,进一步给出智能遥感卫星在轨实时处理架构、智能服务模式以及典型应用场景。

第 2 章介绍智能遥感卫星实时服务体系架构,首先介绍智能遥感卫星实时服务的总体框架,然后阐述智能遥感卫星资源协同管理与服务方法,对云服务中心资源系统管理与服务机制、对地观测任务管理以及卫星自主任务规划技术展开说明,最后给出任务驱动的星地协同在轨流式处理架构。

第 3 章介绍高分辨率光学卫星遥感数据在轨实时预处理,首先介绍星地协同遥感影像在轨处理框架,然后阐述在轨预处理涉及的多项关键技术,包括兴趣区域在轨实时定位、在轨快速提取与校正、视频成像在轨实时稳像以及全色与多光谱影像在轨实时融合等。

第 4 章介绍高分辨率光学卫星遥感影像在轨信息提取与智能处理,首先介绍遥感数据在轨信息检测与智能处理框架,然后对在轨云检测、智能在轨目标检测、在轨运动目标实时检测和在轨变化检测等遥感影像信息提取算法以及效果评估方法进行说明。

第 5 章介绍高分辨率光学卫星遥感数据在轨高倍率智能压缩，首先介绍面向任务的高分辨率遥感数据在轨智能压缩框架，然后面向高分辨率遥感影像和遥感视频分别阐述相应的在轨压缩方法以及压缩算法效果评估体系。

第 6 章介绍高分辨率光学遥感卫星实时智能服务系统，首先概述珞珈三号01 星智能遥感科学试验卫星特点，然后阐述智能遥感卫星实时服务系统的功能组成及软件架构设计，最后介绍基于珞珈三号 01 星开展的典型在轨处理算法验证以及综合集成演示验证的结果。

参 考 文 献

陈占胜. 2016. 浦江一号卫星的创新与实践. 上海航天, 3(3): 1-10.

韩晋山, 邢建平, 张浩, 等. 2019. 美国导弹预警系统的发展现状与趋势分析. 科技导报, 37(4): 91-95.

胡旖旎, 钟江山, 魏晨曦, 等. 2021. 美国"下一代太空体系架构"分析. 航天器工程, 30(2): 108-117.

李丹, 潘晏涛, 张衡. 2018. 天智星云应用开发者平台设计与实现//2018 软件定义卫星高峰论坛会议摘要集: 82.

李德仁, 沈欣, 龚健雅, 等. 2015. 论我国空间信息网络的构建. 武汉大学学报(信息科学版), 40(6): 711-715.

李德仁, 王密, 沈欣, 等. 2017. 从对地观测卫星到对地观测脑. 武汉大学学报(信息科学版), 42(2): 143-149.

李德仁, 王密, 杨芳. 2022. 新一代智能测绘遥感科学试验卫星珞珈三号 01 星. 测绘学报, 51(6): 789-796.

李德仁. 2012. 我国第一颗民用三线阵立体测图卫星——资源三号测绘卫星. 测绘学报, 41(3): 317-322.

李德仁. 2023. 从珞珈系列卫星到东方慧眼星座. 武汉大学学报(信息科学版), 48(10): 1557-1565.

璩泽旭, 方火能, 肖化超, 等. 2022. 一种基于深度学习的光学遥感影像在轨目标检测方法. 空间控制技术与应用, 48(5): 105-115.

眭海刚, 刘超贤, 刘俊怡, 等. 2020. 典型自然灾害遥感快速应急响应的思考与实践. 武汉大学学报(信息科学版), 45(8): 1137-1145.

汪精华, 王跃, 于龙江, 等. 2021. 高分多模卫星星地一体化快速响应系统设计与在轨验证. 航天器工程, 30(3): 58-63.

王密, 杨芳. 2019. 智能遥感卫星与遥感影像实时服务. 测绘学报, 48(12): 586-594.

王元乐, 杨玉辰, 方火能, 等. 2022. 一种可重构的星载高性能智能异构计算系. 空间控制技术与应用, 48(5): 125-132.

伍攀峰, 吴宝林, 王允森, 等. 2022. 一种星载图像智能处理装置设计与实现. 空间控制技术与应用, 48(5): 78-85.

杨芳, 刘思远, 赵键, 等. 2017. 新型智能遥感卫星技术展望. 航天器工程, 26(5): 74-81.

张兵. 2011. 智能遥感卫星系统. 遥感学报, 15(3): 415-431.

Blanes I, Magli E, Serra-Sagrista J. 2014. A tutorial on image compression for optical space imaging systems. IEEE Geoscience and Remote Sensing Magazine, 2(3): 8-26.

Bretschneider T, Tan S, Goh C, et al. 2005. X-Sat mission progress. Small Satellites for Earth Observation, Special Issue from the International Academy of Astronautics: 145-152.

Chien S, Sherwood R, Rabideau G, et al. 2002. The Techsat-21 autonomous space science agent//Proceedings of the First International Joint Conference on Autonomous Agents and Multiagent Systems, Part 2: 570-577.

Crisp N, Smith K, Hollingsworth P. 2014. Small satellite launch to LEO: a review of current and future launch systems. Transactions of the Japan Society for Aeronautical and Space Sciences, 12(29): Tf_39-Tf_47.

Esposito M, Dominguez B C, Pastena M, et al. 2019. Highly integration of hyperspectral, thermal and artificial intelligence for the ESA PHISAT-1 mission//Proceedings of the International Astronautical Congress IAC: 21-25.

Fischer C, Klein D, Kerr G, et al. 2015. Data validation and case studies using the TET-1 thermal infrared satellite system. The International Archives of the Photogrammetry, Remote Sensing and Spatial Information Sciences, 40: 1177-1182.

Gantois K, Teston F, Montenbruck O, et al. 2006. PROBA-2 mission and new technologies overview//Proceedings of the 4S Symposium: Small Satellites, Systems and Services: 495-504.

Halle W. 2000. Thematic data processing on board the satellite BIRD//Sensors, Systems, and Next-Generation Satellites V, SPIE, 4540: 412-419.

Lorenz E, Mitchell S, Säuberlich T, et al. 2015. Remote sensing of high temperature events by the FireBird mission. The International Archives of the Photogrammetry, Remote Sensing and Spatial Information Sciences, 40: 461-467.

Lussy F D, Greslou D, Dechoz C, et al. 2012. Pleiades HR in flight geometrical calibration: location and mapping of the focal plane. The International Archives of the Photogrammetry, Remote Sensing and Spatial Information Sciences, 39: 519-523.

Matthews W. 2009. TacSat-3 earth observing satellite puts hyperspectral imagery analysis in space. Space News, 20(25): 16.

Nolde M, Plank S, Richter R, et al. 2021. The DLR FireBIRD small satellite mission: evaluation of infrared data for wildfire assessment. Remote Sensing, 13(8):1459.

Ungar S, Pearlman J, Mendenhall J, et al. 2003. Overview of the earth observing one (EO-1) mission. IEEE Transactions on Geoscience and Remote Sensing, 41(6): 1149-1159.

van Mol B, Ruddick K. 2004. The compact high resolution imaging spectrometer (CHRIS): the future of hyperspectral satellite sensors. Imagery of Oostende coastal and inland waters//Proceedings of the Airborne Imaging Spectroscopy Workshop, Brugge.

Wilson T, Davis C. 1999. Naval earthmap observer (NEMO) satellite//Imaging Spectrometry V, SPIE, 3753: 2-11.

Zhang G, Wang J, Jiang Y, et al. 2019. On-Orbit geometric calibration and validation of Luojia 1-01 night-light satellite. Remote Sensing, 11(3): 264.

Zhao P, Foerster T, Peng Y. 2012. The geoprocessing web. Computers and Geosciences, 47: 3-12.

Zhou G, Kafatos M. 2002. Future intelligent earth observing satellites. International Archives of Photogrammetry Remote Sensing and Spatial Information Sciences, 34(1): 346-353.

Zhukov B, Lorenz E, Oertel D, et al. 2006. Spaceborne detection and characterization of fires during the bi-spectral infrared detection (BIRD) experimental small satellite mission (2001-2004). Remote Sensing of Environment, 100(1): 29-51.

第 2 章　智能遥感卫星实时服务体系架构

对地观测卫星在提高遥感信息自主获取能力，把握全球经济、资源、环境、社会发展态势等方面具有重要作用。高精度实时智能的遥感信息是保障国家安全、服务国民经济的关键核心技术，是世界各国竞相抢占的科技战略制高点。过去十余年，我国遥感卫星实现了从有到好的跨越式发展，逐步实现了业务化、商业化和国际出口。2010～2020 年高分辨率对地观测系统重大专项的开展，更是加快了我国对地观测卫星的发展(赵文波等，2021)，该系统将与其他观测手段结合，形成全天候、全天时、全球覆盖的对地观测能力。

卫星数量和种类的增多在使遥感应用得到快速发展的同时，也面临着许多问题。我国现有的通信、导航、遥感卫星系统各成体系，遥感卫星的应用和服务模式在运控、接收、处理和应用环节独立工作，数据处理及信息获取链路长，导致服务滞后、系统响应慢，难以满足分钟级甚至秒级信息获取需求(李德仁等，2022；王密和杨芳，2019)。除此之外，传统的卫星遥感系统应用模式是卫星在轨数据获取，地面站接收下传数据，卫星处理中心进行处理分发，最后用于专业应用。这种应用模式复杂繁长，运控、接收、处理和应用环节相互独立，响应时间较慢，无法满足应急要求。与此同时，随着遥感获取能力的增强，卫星数据量急剧增大，给卫星的存储、下传和后处理带来了极大的挑战，制约了遥感应用向大众化服务发展。为了进一步促进遥感数据实时处理和智能服务的发展，亟须开展卫星遥感影像实时智能服务技术体系研究，以提高遥感卫星时效性、有效性和智能化水平。

本章针对传统遥感卫星服务链路长、系统响应慢，主要面向专业用户，无法满足高时效用户、大众化用户应用需求的问题，开展智能遥感卫星"端到端"实时服务体系架构研究，通过构建智能遥感卫星实时服务总体框架、智能遥感卫星资源协同管理与服务机制和任务驱动的星地协同在轨流式处理架构，开创智能遥感卫星在轨处理与实时传输服务 B2C(Business-to-Consumer)的新模式，从而推动遥感卫星应用从数据到信息、从事后到实时、从专业到大众的跨越式发展。

2.1　智能遥感卫星实时服务总体框架

2.1.1　任务驱动的智能遥感卫星实时服务架构

任务驱动的智能遥感卫星实时服务架构如图 2-1 所示。以用户的任务需求为核心,对数据获取资源、在轨存储资源、处理资源、传输资源和接收资源等进行能力描述和建模,将不同类别用户(如固定接收站、机动接收站和便携式移动终端等)的任务进行合理的描述和分解,通过星地资源协同调度与优化,实现受限环境下资源最优配置的星地数据迁移和处理算法迁移,提升数据处理和信息提取效率,更好地满足用户的应用任务需求。

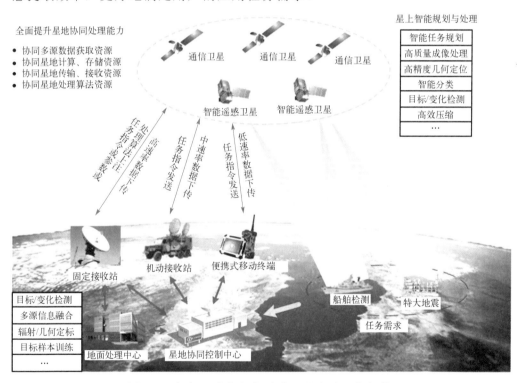

图 2-1　任务驱动的智能遥感卫星实时服务架构

任务驱动的智能遥感卫星实时服务架构采用任务驱动的遥感数据星地协同处理机制,将传统遥感卫星“地面运控→卫星成像→地面站接收→数据中心处理分发→专业应用”的数据驱动模式,转变为遥感卫星“在轨处理与实时传输"的信息服务模式。通过任务驱动的星地协同资源管理方法，构建云服务中心资源协同管理与服务机制，实现移动终端用户"任务请求→卫星成像与在轨处理→信息实时传输与接收"的端到端高效服务流程，完成星地资源及任务全生命周期管理。相比传统的以产品为核心的数据处理和应用模式，任务驱动的遥感数据星地协同高效处理模式的任务目标更加明确、处理方式更加灵活、星地资源配置更加合理，能快速响应突发事件或其他时效性要求较高的任务，如时敏目标检测、抗震救灾等应用。

任务驱动的智能遥感卫星实时服务架构能够满足固定接收站、机动接收站和便携式移动终端用户的不同需求。其中固定接收站用户主要针对国内地面固定接收站覆盖范围内的任务，卫星获取数据后在经过国内地面站覆盖范围后才能将原始数据或在轨处理后的信息产品高速率下传至地面，后经地面处理分发到用户手中。机动接收站用户是指在地面测量车、船只等设备上装备接收系统的用户，卫星获取数据后能够通过通信卫星将在轨处理后的信息产品中速率传输到机动接收站上，供用户使用。便携式移动终端用户是指在手机、平板等便携式设备上装备接收系统的用户，传输速率相对较低，卫星获取数据后能够通过通信卫星将在轨处理后的信息产品低速率直接传输到便携式终端用户手中。为了实现从传统的面向固定接收站用户到面向移动终端用户的迁移，遥感卫星一方面需要通过在轨处理将原始海量数据变成用户所需的信息产品数据，另一方面需要结合通信卫星传输技术，实现境内境外区域遥感卫星与移动终端的直连。

2.1.2　任务驱动的遥感影像星地协同处理机制

任务驱动的遥感影像星地协同处理机制是智能化对地观测的重要体现，也是空间信息网络建设的重要研究内容。其主要依据不同地面任务信息（地理位置、观测区域大小、目标类型），优化配置星地数据获取、计算、存储、传输、接收和处理资源，实现自动化、智能化的星地协同处理，从而快速提供高精度、高质量、高可靠空间决策支持信息。图 2-2 为任务驱动的遥感数据星地协同处理机制技术路线图。

从系统的角度看，卫星与地面构成的星地空间信息网络是一个集数据采集、处理、传输、应用的完整体系。为了提高信息获取和处理效率，需从全局角度协同星地数据不同类型资源，将星地形成一个完整的处理体系，解决受限环境下星地海量遥感数据处理、信息提取与传输的瓶颈问题，实现自主的、可配置的、任务可定制的处理系统。

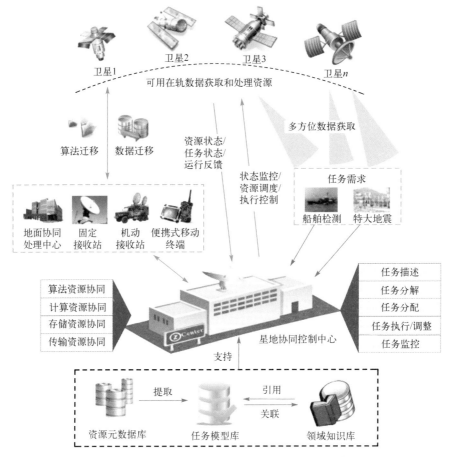

图 2-2　任务驱动的遥感影像星地协同处理机制技术路线图

从数据处理的角度看，遥感数据星地协同处理将在星地统一框架下发展在轨多源传感器高质量实时成像、高精度实时几何定位、数据智能压缩、目标识别和变化检测等信息处理的理论与方法，解决用户任务对数据处理和信息提取能力不足的瓶颈问题。

从应用的角度来看，任务驱动的遥感数据星地协同处理机制和方法的实现，将协助智能化卫星对地观测网络的构建，增强卫星系统在任务驱动下海量数据的智能化在轨处理、信息提取与压缩传输等能力，为未来智能对地观测系统的构建奠定基础。

2.2　智能遥感卫星资源协同管理与服务

2.2.1　云服务中心资源协同管理与服务机制

卫星遥感影像实时智能服务涉及到多类资源的协同配置（王密和仵倩玉，2022），面向复杂多样的用户需求，亟须构建统一的标准对不同类型资源进行协同管理与优化配置。为此，本节提出了云服务中心资源协同管理与服务机制，从全局角度协同管理和优化配置星地资源，将星地形成一个完整的处理体系，为遥感影像实时智能服务提供基础支撑。

面向卫星遥感影像实时智能服务的云服务中心资源协同管理与服务机制如图 2-3 所示，其主要以对地观测任务为驱动，通过剖析卫星遥感影像从观测到决策任务本身的构成部分以及各要素之间的相互关系，对数据观测资源、处理资源、传输资源和接收资源等进行能力描述和资源建模（Zhai et al.，2014；Zhai et al.，2016），并利用云服务中心对不同类型资源进行统一管理；当用户提出观测任务需求时，依据资源模型分析用户目标特征，对不同类型的任务进行合理的描述和分解，形成相应的观测、处理、传输和接收任务；最后通过星地资源协同调度与优化，实现受限环境下不同类型资源的最优配置，提升数据处理和信息提取效率，满足移动终端用户端到端的高效服务需求。

相比传统以产品为核心的数据处理和应用模式，云服务中心资源协同管理与服务机制的任务目标更加明确、处理方式更加灵活、星地资源配置更加合理，同时能够充分利用星地协同的各类算法资源，如感兴趣区域精准提取与处理、高精度实时几何定位、数据智能压缩、典型目标智能检测和变化检测等处理算法，依据不同地面任务的地理位置、观测区域大小、目标类型等信息，智能规划星地协同的数据处理模式与流程，实现自动化、智能化的星地协同处理，从而快速提供任务决策所需的高精度、高质量、高可靠空间决策支持信息。

2.2.2　基于语义描述模型的对地观测任务管理

语义描述模型是以对地观测任务为驱动，通过对全球不同地物进行分析，充分了解对地观测目标的特征及用户对遥感数据的需求特点，形成多尺度动态任务语义描述模型，同时依据地物特性和用户偏好为不同任务赋予不同程度的优先级，从而实现对全球任务的统一描述。基于语义描述模型的对地观测任务管理使得卫星规划有据可依，是卫星自主规划和智能服务的前提（仵倩玉，2024）。

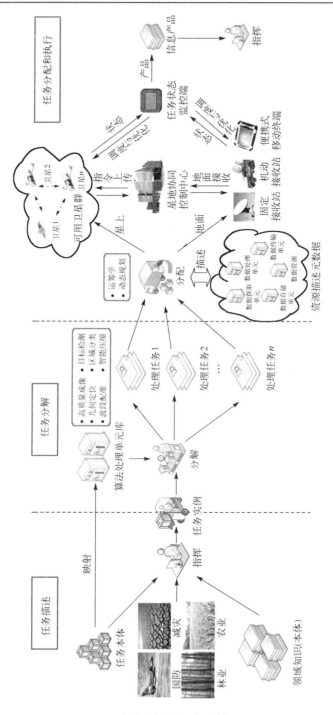

图 2-3 云服务中心资源协同管理与服务机制

1. 不同类型对地观测目标获取

对地观测卫星面向的对象是地球,通过对全球目标进行分析,为不同类型地物目标赋予不同的语义描述信息,即可实现对全球目标的统筹管理。在无用户需求时,卫星能够依据模型目标优先级的高低,自主规划出高价值的目标进行自主观测。

对地观测任务语义描述模型主要包括静态目标、局部动态目标和时间变化因素目标。本章示例所用基础数据来源于公开分享的不同类型全球区域数据,通过对数据进行处理得到对地观测任务语义描述模型的基础数据(仵倩玉,2024)。

(1)静态地物目标。

静态地物是对地观测任务语义描述模型的基础层,其包含了全球区域不同类型的地物,是卫星对地观测的基础。采用 2021 年哨兵 2 号(Sentinel-2)10m全球土地利用/土地覆盖数据作为研究基础,构建静态地物目标库。为了便于后续对目标进行规划,采用点目标矢量格式对目标进行管理。依据目标类型对数据进行提取,形成不同类别的栅格数据,经数据转换形成不同类型的点目标矢量数据。同时剔除云目标类型,选取其余 8 种地物类型作为对地观测任务语义描述模型的基础目标数据。

(2)局部动态地物目标。

局部动态地物目标主要包括常见动目标和历史应急目标。变化检测和动目标检测是遥感应用的重要组成部分,其在交通、灾害、应急等方面具有重要意义。为了便于对动态目标进行自主规划,选取易发生动态变化的重点区域作为常见动目标基础数据库,主要包括飞机、船只等运动目标可能出现的场所(如机场、港口等区域)。通过统计公开数据集,共获得 72723 个全球机场数据,14036个全球主要港口数据。除此之外,从美国地质勘探局(United States Geological Survey,USGS)网站中统计了 1939 年 11 月~2022 年 6 月共计 18395 个地震数据,作为历史应急目标基础数据库。

(3)时间变化因素目标。

在对地观测目标中,部分类型目标会受时间变化因素影响,因此在构建对地观测任务语义描述模型时还需考虑时间变化因素。常见的时间变化因素目标主要包括两种类型:①受时间变化影响对卫星传感器需求发生变化的目标;②随着季节变化而产生的目标。时间变化因素目标选取静态地物目标库中的树木和农作物、局部动态地物目标库中的洪涝目标作为研究基础,通过在属性设置中添加时间因素来对其进行管理。

2. 对地观测任务语义描述指标定义

对地观测任务涉及多个指标，一般通过若干描述参数来表示。这些参数体现了数据应用的需求，在后续的任务规划、获取、下传、处理和分发过程中发挥着重要作用。通过分析不同类型对地观测目标的处理流程，总结了不同类型任务在数据获取和处理过程中所涉及的必要描述信息，通过合并分析，形成了不同类型目标一体化的对地观测任务描述要素，并将其划分为基本属性、约束条件和产品需求三种类型，具体分类如图2-4所示（仵倩玉，2024）。

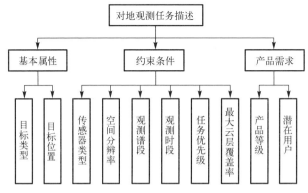

图2-4 不同类型目标一体化的对地观测任务描述要素

基本属性要素包括目标类型和目标位置。目标类型是依据土地利用数据分类标准对地物类型进行的划分结果；目标位置指观测目标的地理位置范围。

约束条件要素包括传感器类型、空间分辨率、观测谱段、观测时段、任务优先级和最大云层覆盖率。传感器类型指不同类型目标所适合的传感器的类型，用于后续对卫星传感器类型进行约束；空间分辨率指不同类型目标所适合的空间分辨率大小，用于后续对卫星传感器性能进行约束；观测谱段指不同类型目标对观测谱段的要求；观测时段指观测目标适合被观测的时间段；任务优先级是对任务重要程度的描述，便于在规划过程中对高价值目标进行优先规划，重要程度越高，对应的数值越大；最大云层覆盖率指不同类型目标适宜的云层覆盖最大范围，主要用于对光学卫星进行规划约束。

产品需求要素包括产品等级和潜在用户。本节依据《卫星对地观测数据产品分类分级规则（GB/T 32453—2015）》将产品等级划分为0～6级；潜在用户指对遥感数据产品有应用需求的用户，可以在数据获取后通过将数据推送给潜在用户的方式来扩大数据应用范围。

3. 对地观测任务语义描述模型指标设定

遥感卫星的观测对象是地球,服务对象是用户。在构建对地观测任务语义描述模型时,需依据用户需求特征为不同类型目标配置不同程度的任务优先级等描述信息,从而使卫星在自主规划时能够依据模型中目标语义描述信息,选取价值较高的目标进行观测,避免获取过多无用数据,造成卫星、计算、存储等资源的浪费。

依据目标类型为语义描述模型目标设置相关属性信息。优先级是卫星自主任务规划的重要依据,为了选择高价值的目标优先进行规划,将模型目标优先级设为1~5级。在模型静态目标中,依据任务应用服务的重要程度,对不同类型目标优先级进行划分,其中建筑区域优先级设为5;农作物、树木和水域优先级设为4;其他类型地物相对来说应用较少,赋予其较低的优先级。动态地物主要包括常见动目标和常见历史应急目标,具有较高的研究价值,将其优先级设为5。除此之外,本节通过对地物目标进行分析,为不同类型地物添加了其他类型属性信息,从而实现对全球不同地物的统一管理,结果如表2-1所示(仵倩玉,2024)。

表 2-1　不同类型目标主要属性信息表

| 序号 | 基本属性 | | 约束条件 | | | | | | 产品需求 | |
	目标类型	目标位置	传感器类型	空间分辨率	观测谱段	观测时段	目标优先级	最大云覆盖率/%	产品等级	潜在用户	用途定义
1	建筑区域	/	V、M、H、T、S	高	VL、IR、MS、MW	00:00:00~24:00:00	5	10	1、2、3级	国土、建筑、交通等部门	工程建设、道路修建、城市规划、城市环境监测、路域环境监测、数字城市等
2	农作物	/	V、M、H	高/中/低	VL、IR、MS	08:00:00~18:00:00	4	20	1、2、3级	农业、灾害监测等部门	农作物估产与监测、病虫害防治、农情监测等
3	树木	/	V、M、H、T、S	高/中/低	VL、IR、MS、MW	00:00:00~24:00:00	4	20	1、2、3级	林业、环境监测、灾害监测等部门	森林火灾、农林病、植被变化等

续表

序号	基本属性		约束条件						产品需求		用途定义
	目标类型	目标位置	传感器类型	空间分辨率	观测谱段	观测时段	目标优先级	最大云覆盖率/%	产品等级	潜在用户	
4	水域	/	V、M、H、T、S	高/中/低	VL、IR、MS、MW	00:00:00～24:00:00	4	20	1、2、3级	渔业、旅游、环境监测、灾害监测等部门	水体污染、水资源调查等
5	水淹植被	/	V、M、H	高/中/低	VL、IR、MS	08:00:00～18:00:00	3	20	1、2、3级	农业、林业、灾害监测等部门	水培农作物估产与监测、水灾等
6	牧场	/	V、M、H	高/中/低	VL、IR、MS	08:00:00～18:00:00	3	20	1、2、3级	林业、环境监测等部门	牧场植被变化、土地荒漠化等
7	雪/冰	/	V、M、H、T、S	高/中/低	VL、IR、MS、MW	00:00:00～24:00:00	2	20	1、2、3级	环境监测、灾害监测等部门	海上冰山漂流、全球气候变化及其影响、冰雪监测等
8	裸地	/	V、M、H	高/中/低	VL、IR、MS	08:00:00～18:00:00	1	20	1、2、3级	环境监测、国土、灾害监测等部门	荒漠化、土壤盐渍化、地质环境与地质灾害监测等
9	动目标区域	/	V、M、H、T、S	高	VL、IR、MS、MW	00:00:00～24:00:00	5	10	5级	国防、安全等部门及机场、港口、高校等单位	军事侦察、机场/港口变化监测等
10	应急目标区域	/	V、M、H、T、S	高	VL、IR、MS、MW	00:00:00～24:00:00	5	10	5级	灾害监测部门	水灾、滑坡、泥石流、地震等

注：传感器类型中，V(Visible Light)表示可见光，M(Multispectral)表示多光谱，H(Hyperspectral)表示高光谱，T(Thermal Infrared)表示热红外，S(Synthetic Aperture Radar)表示合成孔径雷达；观测谱段中，VL(Visible Light)表示可见光，IR(Infrared)表示红外，MS(Multispectral)表示多谱段，MW(Microwave)表示微波。

2.2.3　语义描述模型驱动的卫星自主任务规划

卫星任务规划是卫星应用服务的基础条件，任务规划的目的是根据用户提出的需求形成任务观测集合，然后结合卫星资源计算可见时间窗口，通过分析约束条件和目标函数形成任务规划模型，最后对模型进行求解，在满足约束条件的情况下得出使目标函数最优化的规划方案，从而确定目标观测的卫星资源、卫星开关机时间、卫星观测角度等信息，并形成观测指令上传至卫星执行拍摄任务（高新洲等，2021；王静巧等，2022；张耀元等，2023；孙从容等，2022；杨立峰等，2022）。

语义描述驱动的卫星自主任务规划是以语义描述模型任务为基础，通过对语义描述模型任务进行规划，解决卫星在无用户需求时存在的资源浪费问题，从而最大程度地发挥卫星在轨应用价值。

1.　语义描述驱动的卫星自主任务规划处理架构

对地观测任务的语义描述模型主要有两大优势。一是统筹全球动静态的任务语义描述，为卫星规划提供一个基础数据库，使卫星在没有用户目标的时段内，也可对该基础数据库中优先级较高的目标进行数据获取，解决卫星在无用户需求时"空转"和"过多获取无用数据"造成的卫星、存储、计算等资源浪费问题，实现对卫星资源最大程度的利用。二是实现不同类型任务的统一描述，能够依据少量的普通用户需求对任务进行分析，快速推断出满足用户需求的专业遥感信息，解决大众用户在提交任务需求时"不知道获取什么类型数据"和"不了解卫星传感器属性"等问题，最大限度地满足用户需求。除此之外，在卫星资源协同规划的过程中，多尺度动态任务语义描述模型能够根据中高轨卫星实时发现的应急灾害位置和类型等少量信息，快速构建出匹配的周期性的高优先级应急任务，并经低轨高分辨率卫星协同观测，实现对应急区域的连续监测，提高应急事件的快速响应能力（仵倩玉，2024）。

语义描述驱动的卫星自主任务规划处理架构如图 2-5 所示。其主要思路如下：首先依据对地观测目标特点构建全球区域语义描述模型；当无用户需求时，采用语义描述模型目标任务规划方法对模型目标进行自主任务规划；通过计算卫星对语义描述模型目标的可见时间窗口，初选出卫星能够观测的目标集合，再结合目标的任务优先级、目标区域含云量等条件，计算目标的综合效益值；结合卫星存储、卫星观测时间等约束条件，筛选出符合卫星观测条件的多个综合效益较高的观测目标形成语义描述模型规划方案；当存在用户需求时，采用用户目标任务规划方法对用户目标单独进行规划，计算得出用户目标的规划方案；然后将用户目标规划方案与语义描述模型目标规划方案相合并，采取用户目标优先规划的原则，排除具有时间冲突的模型目标，得到最终的规划方案。

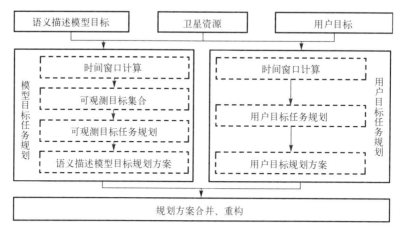

图 2-5 语义描述驱动的卫星自主任务规划处理架构

2. 语义描述模型任务合并与属性计算

卫星对任务进行观测的前提是卫星在规定时间内对观测任务具有可见时间窗口。传统的任务规划方法是从卫星对目标的所有可见时间窗口中选出最佳的时间窗口。语义描述驱动的任务规划方法与传统方法相反，其主要是根据卫星所有的观测范围选出卫星能够观测的模型目标，再依据模型目标的属性信息选择高价值的目标进行观测。语义描述模型的基础对象是不同地物类型的点矢量数据。为了满足不同类型幅宽遥感卫星协同观测需求，点矢量数据的大小需要小于遥感卫星最小幅宽(如 1km)。因此，卫星在对语义描述模型目标观测时，单景影像会获取到多个不同类型的语义描述模型目标。由于卫星在任务规划过程中需满足相同时间仅对一个目标进行观测的约束，利用单个语义描述模型目标的价值去代表卫星单次拍摄整幅影像的价值，会导致最终获取影像的价值不是最优。所以，需结合卫星幅宽大小，对语义描述模型点目标进行合并，并重新定义合并后的目标属性，保证最终获取影像的价值最优(仵倩玉，2024)。

(1)语义描述模型任务合并。

在任务合并方面，本节提出基于卫星幅宽尺度的空模型对目标进行重组，具体流程如图 2-6 所示。首先以卫星 1/2 幅宽为半径画圆形，以 $\sqrt{2}/2$ 倍幅宽为边长形成该圆的内切正方形，以该正方形为基准对全球区域进行分割形成空模型；计算卫星在 1 天内的星下点轨迹，同时增加左右两边最大侧摆角度，形成卫星星下点轨迹的最大覆盖范围，并将卫星的星下点轨迹覆盖范围与空模型和全球语义描述模型叠加；以空模型的中心点坐标为基准，筛选出中心点位于星下点轨迹覆盖范围内的空模型目标，作为初始观测空目标集；以初始观测空目标集中每个空目标覆盖范围为基准，对全球语义描述模型进行叠加，统计落入每个空目标区域内的语义描述模型目标的种类、数量和优先级；依据每个空目标与星下点轨迹的位置关系，计算每个初始观测目标的开始时间、结束时间、观测时长、卫星侧摆角度等属性信息；通过将相关属性赋值给空模型，即可得到卫星的初始观测目标集合及目标观测时间窗口信息(仵倩玉，2024)。

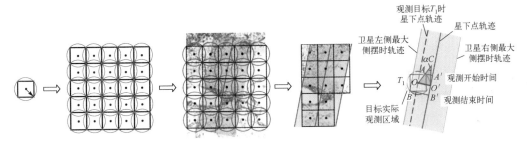

图 2-6　基于卫星幅宽尺度的空模型流程图

(2)卫星观测目标属性定义。

卫星观测目标是基于卫星幅宽尺度构建的面目标，其属性信息仅包含面积、四顶点坐标和中心点坐标。当面目标的中心点落于卫星最大侧摆角时星下点的覆盖范围内时，就能确保该面目标能够被完全观测到，将该面目标与全球语义描述模型相叠加，则面目标中会存在多个语义描述点目标，因此需要通过分析点目标的类型、数量等信息为面目标进行其他属性定义。基于全球任务语义描述模型的规划方法包括两种类型：①仅对语义描述模型中的单一类型目标进行规划；②对语义描述模型中的多个类型目标进行规划。单颗卫星的观测时间和范围有限，因此可以基于单一类型目标规划方法提前选择高优先级的目标类型进行规划。

在单一类型目标选择前，需要判断卫星的传感器类型、空间分辨率、观测谱段是否符合该类型目标的要求。在单一类型目标规划方法的属性定义方面，可直接将该点目标类型的属性信息赋值给面目标，形成面目标的目标类型 y_j、观测谱段 b_j、观测时段 t_j（包含开始时间 s_j、结束时间 e_j）、最大云层覆盖率 c_j、产品等级 l_j、潜在用户 u_j 等信息（j 为面目标编号）。同时需要统计落入面目标

中该类型点目标的数量，并通过目标数量与该类型目标优先值相乘得到单一类型面目标的总体优先级值，计算公式如下

$$P_j = n_j \times p_j \tag{2-1}$$

式中，P_j 为面目标的优先级值，n_j 为面目标中落入的单一类型点目标数量，p_j 为面目标中单一点目标的任务优先级。

多类型目标规划方法属性定义时，需要考虑卫星属性是否能够满足落入面目标中的点目标对传感器类型、空间分辨率和观测谱段的要求。统计满足该要求的不同类型点目标的数量，并将点目标数量最大的目标类型作为第 j 个面目标的目标类型，将该类型的属性信息赋值给面目标，形成面目标的目标类型 y_j、观测谱段 b_j、观测时段 t_j（包含开始时间 s_j、结束时间 e_j）、最大云层覆盖率 c_j、产品等级 l_j、潜在用户 u_j 等信息。同时计算所有满足卫星要求的点目标优先级的总和，作为面目标的优先级 P_j，计算公式如下

$$P_j = \sum_{i=1}^{n} n_j^i \times p_i \tag{2-2}$$

式中，n 为面目标中落入的点目标的类型数，n_j^i 为第 j 个面目标中落入的第 i 种类型点目标的数量，p_i 为第 i 种类型点目标的任务优先级。

3. 卫星自主任务规划模型构建

基于语义描述模型的任务规划除了需要对模型目标库中目标进行常规规划，还需要对实时更新的用户目标进行动态规划方案调整，保证用户需求的规划方案实时更新和观测数据实时获取。基于此需求本节设计了卫星动态任务规划方法，其主要分为两部分内容，一是对基于语义描述模型的常规任务进行规划，二是在增加用户目标时，对模型任务方案进行动态调整，形成新的规划方案（仵倩玉，2024）。

（1）基于语义描述模型的常规任务规划模型构建。

卫星任务规划模型主要包括约束条件和目标函数两部分，其目的是从多个有效时间窗口中选出满足约束条件并使目标函数综合效益最优的规划方案。

①约束条件建立。

在常规任务规划方面，其主要目的是在卫星最大观测时长范围内对多个目标/时间窗口进行选择，存在的主要冲突包括相同时间内卫星不能以不同侧摆角度对不同目标进行观测、相邻任务的时间间隔不能支持卫星侧摆角度调整、卫星的总工作时间有限，仅能支持少量任务进行观测。为了减少资源的浪费，提

高任务的规划效率, 在任务规划过程中需要满足一些约束条件, 以保证规划有序进行。约束条件的建立是对卫星任务规划问题的描述, 不同的约束条件对任务规划过程有着不同的限制(仵倩玉, 2024)。

卫星资源唯一性约束主要对卫星在相同时间内的观测目标数量进行约束。语义描述模型驱动的任务规划方法是将卫星在不同侧摆角度下能够观测到的所有目标作为初始观测目标, 因此会出现相同时间内卫星在不同的侧摆角度下能够观测不同目标的情况, 造成任务观测时间冲突, 需要设置此约束条件对相同时间观测目标数量进行限制。卫星资源唯一性约束定义为同一卫星在同一时间内仅能对一个目标进行观测, 卫星所观测的第 j 个目标的开始时间必须大于第 $j-1$ 个目标的结束时间, 即

$$\forall 1 \leqslant j \leqslant m, \quad s_j > e_{j-1} \tag{2-3}$$

式中, m 为初始观测目标集合中面目标总数量, j 为面目标编号, s_j 为目标 j 的观测开始时间, e_{j-1} 为目标 $j-1$ 的观测结束时间。

机动时间约束主要用于对卫星执行两次观测的最小时间间隔进行约束。当卫星的两次观测时间间隔较小时, 容易使卫星发生复位, 无法正常获取数据, 因此需要设置此约束条件对观测最小时间间隔进行限制。机动时间约束定义为卫星对两个目标的观测时间间隔不能小于卫星的机动调整时间, 即

$$\forall 1 \leqslant j \leqslant m, \quad s_j - e_{j-1} \geqslant T \tag{2-4}$$

式中, T 为卫星最小机动调整时间。

云层覆盖率约束主要用于对观测区域的含云量进行约束, 需要结合观测区域在规划时间段的区域云层覆盖信息判断观测区域是否符合观测条件, 若观测区域的云覆盖过多, 则将该任务排除, 否则获取的光学影像会因含云量过高而导致获取的影像质量较低, 造成资源的浪费, 因此需要设置此约束条件对观测区域含云量进行约束。云层覆盖率约束定义为任务所在区域的云层覆盖率不能大于该任务主要观测类型的最大云层覆盖率要求, 即

$$\forall 1 \leqslant j \leqslant m, \quad C_j \leqslant c_j \tag{2-5}$$

式中, C_j 为第 j 个目标在观测时间窗口内的实际含云量, c_j 为第 j 个目标所要求的最大云层覆盖率。

观测总时长约束主要用于对卫星最终要执行观测目标的总体观测时间进行约束。卫星电池容量和存储容量有限, 每天能够获取的数据量受限, 若提交的

观测任务超出卫星观测能力，会导致任务观测不成功，因此需要设置此约束条件对卫星总体工作时长进行约束。观测总时长约束定义为最终规划方案中所有待观测任务的观测时间总和不能大于卫星每天的观测总时长要求，即

$$\sum_{j=1}^{m}[x_j \times (e_j - s_j)] \leqslant T_o \tag{2-6}$$

式中，x_j 为决策变量，表示目标 j 是否被卫星所规划，若目标 j 被规划，则 $x_j=1$，否则，$x_j=0$；T_o 为卫星最大观测总时长。

②目标函数建立。

目标函数是对观测目标执行情况和资源利用情况的综合评述，卫星任务规划就是在满足各种约束限制的情况下，求解出使目标函数值尽可能最优的规划方案。语义描述模型任务规划的目标是在无用户需求的情况下，使卫星重点面向人类活动区域进行自主任务规划，尽可能获取具有潜在应用价值的数据。在语义描述模型属性定义阶段，采用任务优先级值来对目标的重要程度进行定义，因此目标函数采用任务优先级作为评价指标，通过设置规划方案中待观测目标的任务优先级总和最大化，来求解效益较高的观测方案，即

$$B = \max\left[\sum_{j=1}^{m}(x_j \times P_j)\right] \tag{2-7}$$

式中，B 为观测方案的效益值，P_j 为第 j 个目标的任务优先级，计算方法参考式（2-1）和式（2-2）。

（2）用户任务动态规划模型构建。

动态任务规划模型面向的是用户任务。常规任务规划模型可每天根据卫星的轨道参数进行更新，当临时出现用户任务时，需要优先考虑用户需求，对原有常规任务规划方案进行调整。动态任务规划方案的基本思路是首先对用户任务进行单独规划，选出最佳时间窗口，形成用户任务规划方案；然后将用户任务规划方案与常规任务规划方案相合并，并依据用户任务优先的原则排除具有时间冲突的常规任务；最后依据卫星观测时间约束，排除超出卫星总观测时间范围内的效益较低的常规任务，形成最终的调整方案（仵倩玉，2024）。

①用户任务规划模型。

用户任务规划的主要目的是计算卫星对用户任务的可见时间窗口，并从所有可见时间窗口中选择最佳的一个窗口进行观测，其存在的主要冲突是同一卫星能够对同一目标有多个时间窗口、相同时间内卫星不能以不同侧摆角度对不

同目标进行观测、相邻任务的时间间隔不能支持卫星侧摆角度调整、卫星的总工作时间有限，仅能支持少量任务进行观测。针对用户任务，本节采用的约束条件主要包括卫星资源唯一性约束、机动时间约束、云层覆盖率约束和观测总时长约束，具体可参考常规任务规划约束条件的式(2-3)～式(2-6)。

由于常规任务规划中一个任务只存在一个时间窗口，而用户任务规划中一个任务可能存在多个时间窗口，所以用户任务规划还需要满足任务唯一性约束，使同一任务只能被观测一次，即

$$\forall 1 \leqslant x \leqslant l,\ 1 \leqslant y \leqslant l \text{且} y \neq x,\ T_x \neq T_y \tag{2-8}$$

式中，l 表示规划方案中有效时间窗口的个数，x、y 表示规划方案中任意两个不同的时间窗口，T_x、T_y 分别表示第 x 个和第 y 个时间窗口所对应的观测目标。

在用户任务规划过程中，当两个不同任务存在时间冲突时，应优先选择高价值的任务进行规划，因此采用任务优先级作为用户任务规划的目标函数，即

$$\max \sum_{k=1}^{l} x_k \times p_k \tag{2-9}$$

式中，x_k 为决策变量，表示第 k 个目标是否被卫星所规划，若目标 T_k 被规划，则 $x_k=1$，否则，$x_k=0$；p_k 表示目标 T_k 的任务优先级。

②规划方案动态调整模型。

规划方案动态调整主要是将未完成的用户任务规划方案与常规任务规划方案进行合并，得到更新后的规划方案，其存在的主要冲突是相同时间内卫星不能以不同侧摆角度对不同目标进行观测、相邻任务的时间间隔不能支持卫星侧摆角度调整、卫星的总工作时间有限，仅能支持少量任务进行观测。因此，规划方案合并时需满足卫星资源唯一性约束和最大机动时间约束，保证卫星能够正常运行(仵倩玉，2024)。

规划方案合并最主要的目的是对具有时间冲突的目标进行选择，方案合并中的时间冲突主要来源于两方面，一是用户任务观测时间与常规目标的观测时间存在冲突，二是规划方案的观测总时长与卫星最大工作时间存在冲突。针对第一种冲突，以用户任务优先规划为原则，设置常规任务的优先级为 1～5，用户任务的优先级为 6～10，并以任务优先级作为目标函数，实现用户任务的优先规划。针对第二种冲突，以用户任务优先规划为原则，排除超出卫星工作总时长范围的低价值的常规任务。其主要思路是首先利用卫星工作总时长减去已观测任务总时长和用户任务总时间的部分，得到卫星剩余工作时长；然后依据点目标优先级总和值作为目标函数对未观测常规任务进行规划，并使规划方案

中常规任务的观测总时长低于卫星剩余工作时长；最后将该方案与用户任务规划方案相合并，得到最终的调整方案。

4. 卫星动态任务规划模型求解

语义描述模型驱动的卫星自主任务规划是一种复杂的多目标动态优化问题，其在保障动态更新用户目标优化的同时，需要对常规目标进行协同规划，从而实现卫星资源最大化的利用，避免资源浪费。为此，本节设计了一种卫星动态任务规划模型求解算法，具体步骤如下：

①当出现第 k 次用户任务需求时，判定第 $k-1$ 次规划方案集合中的目标是否已被观测。未被观测的目标形成第 $k-1$ 次未观测目标集合，正在执行观测的目标形成第 $k-1$ 次正观测目标集合，已被观测的目标与前 $k-2$ 次被观测的目标和前 $k-2$ 次正执行观测的目标合并为已观测目标总集合。

②判断第 k 次用户任务需求中是否包含与已观测目标总集合和第 $k-1$ 次正观测目标集合相同的目标。若包含，则将这些目标传输到地面并分发给用户，同时将不同的目标上传至卫星形成第 k 次用户目标集合。

③结合卫星资源信息，对第 k 次用户目标集合中的任务进行时间窗口计算，并判断这些任务是否有有效时间窗口。将具有时间窗口的目标组合为第 k 次可规划目标集合。

④对第 k 次可规划目标集合中的用户任务进行任务规划处理，并判断这些任务是否已被规划。被规划的目标形成第 k 次被规划目标集合。

⑤合并第 k 次被规划目标集合与第 $k-1$ 次未观测目标集合，形成第 k 次所有待观测目标集合。

⑥根据综合效益最优原则，对第 k 次所有待观测目标集合进行任务排除，剔除具有时间冲突的目标，形成新的第 k 次被规划目标集合。卫星将按照时间顺序依次对新的第 k 次被规划目标集合中的任务进行观测。

⑦出现下一次新的任务需求时，重复步骤①～步骤⑥，对规划方案进行新的调整。

从上述步骤可见，该算法适用于 $k \geq 3$ 的情况。当 $k=1$ 时，不存在用户任务，只需根据卫星的轨道参数计算卫星观测范围，然后依据常规目标任务优先级选取待观测常规任务，形成第一次规划方案。当 $k=2$ 时，执行步骤①～步骤⑥，其中在步骤①中已观测目标总集合仅包含第一次已被观测的目标，形成新的第二次被规划目标集合，卫星按时间顺序依次观测新的第二次被规划目标集合中的任务。

2.3 任务驱动的星地协同在轨流式处理架构

在轨海量的数据获取能力和受限的处理资源之间的矛盾,是构建在轨实时处理平台面临的主要矛盾(杨靖宇,2011)。对于实时流入的海量数据,需要对包含重要信息的"有效"数据进行精确的实时定位与提取,剔除"无效"数据。通过对海量原始数据进行智能过滤,可以有效地利用有限的在轨处理资源获取最重要的信息。针对主流在轨嵌入式设备交互能力不强,协作性、开放性较差的问题,本节提出了异构计算资源能力描述及虚拟化方法,实现对有限的在轨处理资源的精细化使用;同时顾及不同算法特性,采用数据并行或流水线并行的方式合理利用多计算资源,在保持容错能力的同时,实施异构单元的多层次并行。从而在星上算力有限的条件下,能够使具有不同耗时的多样化在轨处理算法满足高时效用户的多样性应用需求,为遥感信息实时智能服务提供技术支撑。

2.3.1 面向在轨嵌入式设备的流式处理架构

遥感卫星实时获取的动、静态数据具有数据产生集中、数据量大、信息复杂多变、处理步骤多、实效性要求高等特点(张致齐,2018)。同时,受限于整星软硬件平台能力,需要满足严格的功耗、散热、抗辐照等技术指标,星上处理的软硬件资源十分有限。与地面处理相比,除了受严苛的空间环境影响以外,星上处理还面临着诸多困难和挑战。

①在计算能力方面,地面处理系统没有严格的体积功耗限制,可以按需构建,通过部署性能足够强、数量足够多的硬件设备,并对处理算法作少量的优化即可满足需求;而在轨处理设备的数量、性能在卫星设计阶段已经定型,无法按照需求调整。

②在存储能力方面,地面处理系统通常按需配备高性能、大容量的磁盘阵列或分布式文件系统,且支持动态扩充;而在轨处理设备只有容量有限的暂存空间,仅能勉强满足临时存储需求。

③在处理模式方面,如图 2-7 所示,地面处理时效性要求通常不高,一般采用先存储数据,后处理数据的模式;而在轨处理必须实现不依赖外存的流式处理,即在数据输入时进行实时处理,经过短暂的延时后实时输出结果,如不能及时对输入数据进行处理会导致输入数据堆积,进而导致缓存溢出和数据错漏,严重影响系统整体的可用性。

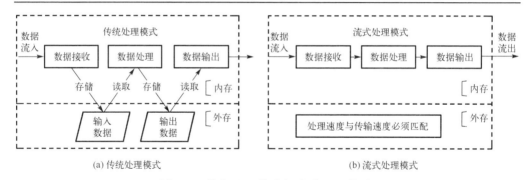

(a) 传统处理模式　　　　　　　　　　　　(b) 流式处理模式

图 2-7　传统处理模式与流式处理模式

④在节点间的协作方面，地面处理节点通常性能强、数量多、调整扩展容易，一般通过构建中心化或多中心化的集群来进行协作；而在轨嵌入式设备数量少、不易扩展，难以按照传统集群处理方式构建协同处理系统，并且嵌入式设备间耦合度较高，性能、开放性、协作性较差，难以协同实现高效、可扩展的处理。此外，在轨处理一方面要基于数据并行原理，实现节点间的高效协作（白洪涛，2010；罗耀华，2013），另一方面又需要考虑具备一定的弹性和节点容错能力，在部署多个物理计算资源的情况下，个别计算资源的状态异常不能导致最终输出数据的缺失。

综合考虑，在轨计算资源间的流式架构必须基于去中心化、节点对等的原则构建。整体架构如图 2-8 所示，不设置中心节点，每个物理节点间两两连接地位对等。待处理数据同时流入各个物理节点，每个节点按照物理节点ID（Identity Document）和数据划分策略、虚拟节点数量、物理节点能力等预置规则，执行应属于本节点的任务。整个过程中，除物理节点间需要定时同步节点状态外，无需更多的控制流或数据流交换，不同物理节点根据相同的配置和算法，可独立地对数据和任务进行合理划分并执行。

在轨流式处理架构包含物理节点状态同步、资源映射与任务执行、数据划分与任务分配三大重要功能模块，分别负责解决物理资源同步、虚拟资源映射和计算任务分配三大问题，是流式处理架构整体能否正常运行的核心（王密和杨芳，2019；Wang et al.，2017）。除此之外，数据划分策略、虚拟节点数量、物理节点能力等配置作为流式处理架构的可定制参数，需根据具体应用场景和处理算法的执行性能设定。

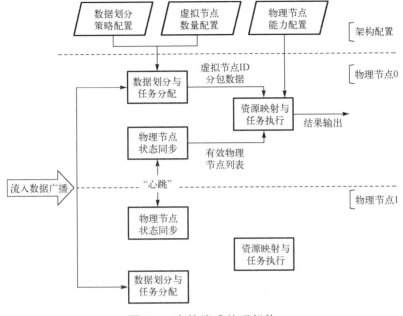

图 2-8　在轨流式处理架构

1. 低开销对等物理节点状态同步

在在轨流式处理架构的节点对等原则下，对某个特定的物理节点而言，需要随时知晓除自身外其他物理节点的可用状态，以便于独立地在广播传入的待处理数据中精确地挑选该节点应处理的数据，从而在物理节点间通信能力不佳的情况下，用少量的计算和通信资源，实现多个物理节点间的精准协作。

物理节点同步是指每个物理节点维护一个独立的节点可用性列表，并维护两个独立的守护进程，分别负责接收其他节点广播的状态并将自身节点状态广播到其他节点。设共有 p 个物理节点，对于状态接收进程而言，每隔时间 t 遍历查看一次接收到的其他除自身之外的物理节点状态，对于状态为可用的节点，更新节点可用性列表中的值；对于未接收到状态信号的节点，判断是否连续两次以上未接收到（两个周期内未接收到信号，可确认源未发出信号），若是则将节点可用性列表中对应节点的可用性标识为"否"。对于状态发送进程而言，每隔时间 t 向除自身之外的其他物理节点遍历发送一遍自身状态信号；发送完毕后，读取节点可用性列表，统计可用节点数，并发送给本节点的资源映射模块。

2. 兼顾弹性与可靠性的虚拟节点动态映射

受严苛的空间环境的影响，在轨处理过程中，温度、功耗、辐照等因素可能导致部分计算资源失效，因此在轨处理架构必须具备一定的弹性。考虑到未来不同用途的在轨处理系统，需要配备不同数量的在轨处理单元，本节提出在轨计算资源虚拟化的方法来构建流式架构，以对在轨计算资源进行有效管理和使用。

通过对计算资源虚拟化，在虚拟计算资源基础上构建多单元协作的流式处理架构，可以较好地隔离物理计算资源状态（死机、重启）对整体处理的影响，个别物理计算资源是否有效只会影响整体性能，而不影响整体功能。本节针对在轨处理设备数量有限、设备间交互能力差、处理能力相对较弱的特点，提出一种如图 2-9 所示的基于虚拟节点的负载均衡策略，在均衡输入负载的同时，保证在物理节点失效或重新加入的情况下，已分配的负载不受影响。

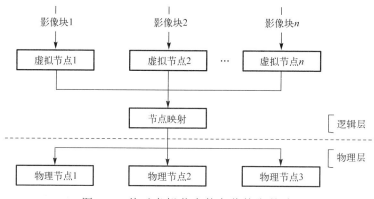

图 2-9 基于虚拟节点的负载均衡策略

设共有 v 个虚拟节点，p 个物理节点，对第 i 个虚拟节点采用节点序号求余的方法将虚拟节点映射到物理节点。在所有物理节点均可用的理想状态下，根据式(2-10)求得第 i 个虚拟节点上的任务实际运行于第 j 个物理节点

$$j = i\%p, \quad 0 \leqslant i < v \tag{2-10}$$

当第 j 个物理节点不可用时，对 $\forall i\%p = j(0 \leqslant i < v)$ 需要重新计算其对应的物理节点序号。此时为了不对其他正在执行中的虚拟节点任务产生干扰，式(2-10)中的 p 值保持不变，只对失效物理节点对应的虚拟节点做重映射，设此时可用的物理节点数为 p'，则有

$$j' = \left\lfloor \frac{i}{p} \right\rfloor \%p', \quad 0 \leqslant i < v \tag{2-11}$$

此时，将该虚拟节点映射至第 j' 个可用节点即可。

虚拟节点映射算法流程如图 2-10 所示，容易验证该方法具有如下特点，可满足构建在轨处理架构的需求。

①在任意可用物理节点数大于等于 1 的情况下，所有虚拟节点任务都能分配到可用的物理节点执行；

②任意物理节点的失效，不会干扰原本分配到其他物理节点上的任务；

③原本分配到失效物理节点的任务，能够被有效地分配到可用的物理节点执行；

④失效物理节点恢复可用状态后(如重启成功)，可继续执行原本分配到其上的任务，不会干扰分配到其他物理节点上的任务；

⑤物理节点失效会影响系统性能，但不影响系统功能。

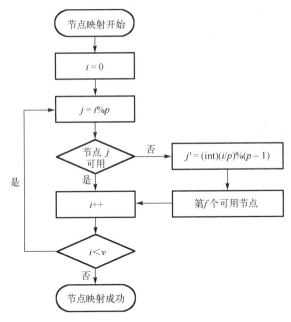

图 2-10　虚拟节点映射算法流程

3. 基于一致性哈希的任务动态分配

上述虚拟资源映射策略有效地隔绝了物理节点状态对系统整体功能的影响，在此基础上，需要进一步研究计算任务到虚拟节点的分配策略。为了使整体处理任务在更细的粒度上更加均匀，在计算任务到虚拟节点的分配过程中，需要引入一定的随机性。

　　首先，利用一致性哈希算法(Karger et al.，1997)计算每个虚拟节点的哈希值，并将其映射到 $0\sim 2^{32}-1$ 的虚拟环上；其次，对划分后的输入数据，应用同样的哈希算法得到每份数据的哈希值，并将其映射到相同的虚拟环上；最后，针对每份数据，顺时针沿环找到最近的虚拟节点，将该份数据及其计算任务分配到该节点上。具体过程示意如图 2-11 所示，8 个虚拟节点经过哈希运算后，随机分布于环上；同时，10 份数据经过哈希运算后，也能在环上找到对应的位置，并能顺时针沿环找到最近的虚拟节点。

　　由于已经对物理计算资源做了虚拟化映射，在计算任务分配时无须再考虑节点的有效性和增减问题，虚拟节点数 v 可视为一个可配置的常量，环上的虚拟节点可视为始终固定。容易知道，数据划分的粒度越小，数据块在环上的分布越均匀，整体而言，系统的负载均衡性会越好。

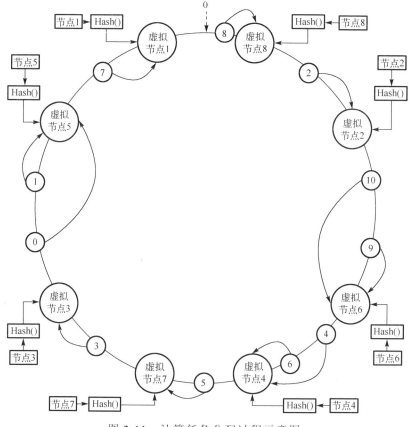

图 2-11　计算任务分配过程示意图

4. 流式架构参数定制

在解决了在轨流式处理的物理资源同步、虚拟资源映射和计算任务分配三大核心问题后，还需要根据具体应用场景和处理算法的执行性能，对数据划分策略、虚拟节点数量、物理节点能力等配置参数做出设定。

在实际应用中，首先需要测定待部署至在轨处理环境运行的一系列算法在单个硬件节点上的处理耗时，设为 t_{proc}，同时测定数据的流入耗时 t_{in} 和流出耗时 t_{out}，据此可根据式(2-12)估算在轨处理环境中达到实时处理性能，算法需要的最少硬件节点数目 n

$$n = \left\lceil \frac{t_{proc}}{\max(t_{in}, t_{out})} \right\rceil \qquad (2-12)$$

确定最少需要的硬件节点数目后，分析待部署的目标算法特点，例如，处理过程中是否需要考虑数据间的关联、算法求解的粒度等，可采用按成像 CCD 划分、按波段划分、按数据段划分、按数据格网划分等方式。

此外在实际应用中，由于硬件差异或个别硬件节点除在轨处理外，还需要担任数传、通信等任务角色，部署的多个硬件计算节点的实际可用计算能力可能有所不同，一律按同质节点对待，会隐含导致任务分配不合理、负载不均衡的风险，严重时会降低整个流式处理架构的处理能力。因此，需要对各个硬件节点的实际可用计算能力进行测定，并将结果作为配置参数固定下来。设共有 n 个硬件节点，算法在每个节点上的运算量均为 M，第 i 个节点的处理耗时为 t_i，定义第 i 个节点的归一化性能权重为 w_i，可按式(2-13)求得

$$w_i = \frac{1/t_i}{\sum_{j=1}^{n}(1/t_j)}, \quad \sum_{i=1}^{n}W_i = 1 \qquad (2-13)$$

若单位时间内输入的数据被划分为 C 个数据包，则经在轨流式架构分配后，每个硬件节点处理的数据包数约为 $W_i \cdot C$。

在轨架构参数测定及定制流程如图 2-12 所示。

2.3.2　流式处理约束下的多层次并行计算

在基于在轨多计算资源构建了流式处理架构后，还需要在此基础上进一步深入分析采用的算法并行模式，以充分利用硬件效能。

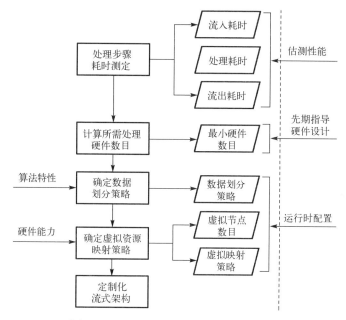

图 2-12　在轨流式处理架构定制流程

1. 分布式处理模式

分布式处理模式首先需要根据一定的策略对输入数据进行对等的划分，划分后的小块数据同时分配到多个对等运算单元进行处理，处理完毕后的结果数据需要进行归并，输出为完整的结果数据。各运算单元中的处理不需要或只需要很少的数据交互，并发的子处理流程独立运行，互不影响（卢风顺等，2011）。

由于遥感影像具有空间并行特性，对于逐像素的运算处理具有天然的数据并行性。随着技术的发展，当前单幅标准景遥感影像往往由上亿甚至十亿级的像元组成，当影像以逐点的方式进行计算时，像元之间的处理是相互独立的，可以根据运算资源对影像进行分块处理，合理的数据分块策略及对多个运算单元的合理使用，可以成倍地缩短处理耗时。

进行分布式处理时，数据划分和数据合并是两个独立于处理算法的串行环节，如图 2-13 所示。随着影像分块数的增加，一方面处理算法的并行度随之提高，处理耗时缩短；另一方面，数据划分和数据合并两个串行环节的工作负载随之加重，耗时增加。因此影像的分割粒度并不是越大越好，它的效益与分割曲线应当是一个存在极大值的曲线，需要结合处理平台和算法特性来计算最佳影像分割粒度。

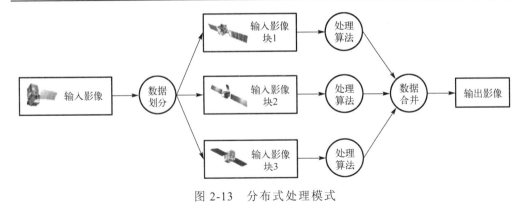

图 2-13 分布式处理模式

2. 三步堆叠流水线并行

任何计算机算法的执行，都包含数据输入、算法处理、数据输出三个步骤，各个步骤的耗时视算法处理对象和解决问题的不同而不同。对光学遥感影像处理算法而言，其处理的对象是遥感影像，本身数据量较大，相对于算法处理耗时，数据输入、数据输出的耗时不能忽视；同时，在计算机系统中，数据输入和输出由通信接口传入传出或外存读写完成，而算法处理由处理核心和内存完成，分别是不同的部件。因此，在本节构建的模拟在轨处理节点内部，若采用传统的任务串行处理会导致不同部件互相等待，效率较低。此外，构建在轨处理平台的 Tegra X2 模块具备基于完整 Linux 内核构建的操作系统，本身具备对计算资源、存储资源、通信接口的高效管理能力，在轨处理架构可充分利用 Tegra X2 模块的能力，采用流水线并行的模式在物理计算节点内部、节点之间构建处理流水线，使数据输入、算法处理、数据输出三步堆叠，隐藏耗时。

图 2-14 示意了在轨处理架构下，多计算单元间、计算单元内构建并行流水线的原理：数据源持续向各处理单元输入数据，各处理单元自动对数据分段，内部对各段数据的输入、处理、输出进行了堆叠；同时处理单元间也进行数据段任务的堆叠。考察流水线并行前后的耗时差异：设每段数据的输入、处理、输出耗时分别为 t_0、t_1、t_2，共有 n 段数据，m 个处理单元，则一般多单元流水并行模式下，处理耗时 t_s 为

$$t_s = (m-1) \times t_0 + \sum_{i=0}^{2} t_i \times \frac{n}{m} \tag{2-14}$$

三步堆叠流水线并行模式下处理耗时 t_p 为

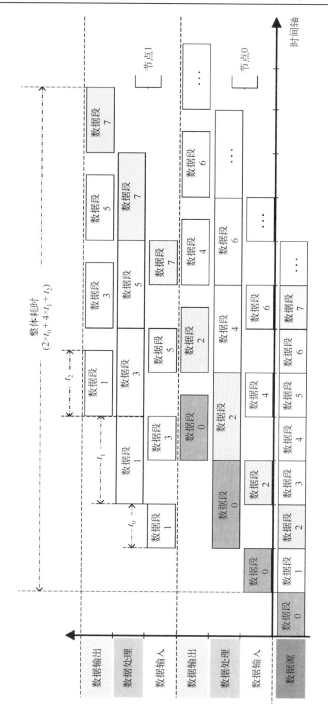

图 2-14 多单元三步堆叠流水线并行原理

$$t_p = (m-1) \times t_0 + \left(\sum_{\substack{i=0, \\ i \neq \max}}^{2} t_i + \frac{n}{m} t_{\max} \right), \quad t_{\max} = \max(t_0, t_1, t_2) \tag{2-15}$$

理论上，若数据段划分得足够细，则有 $n \to \infty$，此时同样的输入数据和同样的处理单元数下，三步堆叠流水线并行的加速比为

$$\lim_{n \to \infty} \left(\frac{t_s}{t_p} \right) = 1 + \frac{\sum_{\substack{i=0, \\ i \neq \max}}^{2} t_i}{t_{\max}} \tag{2-16}$$

由式 (2-16) 可知：

①划分较细的数据段，较有利于提升并行流水线的性能；

②相对于一般多单元流水并行模式，在待处理数据量、硬件单元数均相同情况下，三步堆叠流水线并行模式始终更快，当 $t_0 = t_1 = t_2$ 时，最多能将处理性能提升至 3 倍。

3. 高并发下的异构处理单元并行

由于构建在轨处理平台的 Tegra X2 具有异构的处理单元(6 个 ARM64 (Advanced RISC Machines)核心的 CPU(Central Processing Unit)和 256 个 CUDA(Compute Unified Device Architecture)核心的 GPU(Graphics Processing Unit))，在通过三步堆叠流水线从流程整体上实现了数据传输与数据处理的堆叠后，需要对数据处理过程中异构处理单元的并行处理效能进行进一步的分析。Fang 等(2014)针对耗时算法提出了 CPU/GPU 协作的处理方法，通过测定特定算法在 CPU 单核上的执行耗时和 GPU 上的执行耗时，并精确规划用于辅助 GPU 进行处理的空闲 CPU 核心数，从而针对该算法推算出利用多核 CPU 和 GPU 实现协同计算的任务分配比例。该方法在资源三号等卫星数据的地面高性能处理中得到了有效的应用。

然而，利用在轨处理架构进行异构处理单元的并行，任务分配问题会有所不同。待处理数据流入时，流式架构按照定制策略对流入数据进行了较细粒度的划分并分配至虚拟节点，虚拟节点动态映射至物理节点执行任务。可以预见的是，在处理过程中的任意时刻，每个物理节点上都分配了多个处于不同执行状态的并发任务，因此很难对处理过程中异构处理单元的空闲核心数目做出准确估计。

事实上，与具体的算法细节无关，根据 CUDA 编程模型，任何 CPU/GPU 协作的程序都可划分为一个或几个子步骤，每个子步骤可划分为三个阶段：第一阶段，CPU 执行计算量不大的算法和控制逻辑，并为 GPU 执行做准备；第二阶段，GPU 执行大规模并行处理，CPU 等待；第三阶段，CPU 执行计算量不大的算法和控制逻辑，并整理 GPU 运算结果。通常，阶段二占用了算法主要的运行时间，若仅有一路算法占用计算资源，则此时 CPU 几乎处于空闲状态，Fang 等人提出的 CPU/GPU 协作的处理方法即通过在此阶段对耗时处理任务进行重新划分，最大化地利用 CPU 协同 GPU 加速提高性能。然而，在本节高并发的处理状态下，某个任务处于阶段二时，CPU 资源正忙于处理其他并行任务的阶段一或阶段三工作，若采用前述加速方式，在显著缩短该任务的阶段二执行时间的同时，会造成其余并发任务的延迟和等待，虽然提高了局部执行性能，但对总体执行性能的影响难以估计。因此，在高并发状态下，需要进一步深入讨论针对阶段二的异构计算单元并行优化策略。

设单个任务在上述三个处理阶段中，耗时分别为 t_0、t_1、t_2，其中 t_1 为耗时步骤，CPU 负载分别为 l_0、l_1、l_2，GPU 负载在第一、三阶段空闲，第二阶段满负载为 1。设任务并发数为 n，任务并发时由 linux 操作系统对并发任务进行调度，在并发量足够多的情况下，当某个任务处于阶段一或阶段三时，GPU 资源始终会被其他并发任务占用，因此可认为 GPU 始终处于满负载状态，且所有任务阶段二的总耗时为 nt_1。因此 n 个任务的总耗时 t_{total} 可通过式（2-17）计算

$$t_{\text{total}} = nl_0t_0 + nt_1 + nl_2t_2 \tag{2-17}$$

CPU 总负载 l_{total} 可通过式（2-18）计算

$$l_{\text{total}} = \frac{t_{\text{cpu}}}{t_{\text{total}}} = \frac{l_0t_0 + l_1t_1 + l_2t_2}{l_0t_0 + t_1 + l_2t_2} \tag{2-18}$$

至此，$1 - l_{\text{total}}$ 即为阶段二中 CPU 可用于辅助 GPU 处理耗时任务的空闲计算能力比例。控制用于辅助 GPU 处理的 CPU 资源不高于该比例，就能在缩短各个任务阶段二执行时间的同时，不影响其他并发任务的处理，缩短整体处理时间。

在此基础上，进一步测定阶段二耗时算法占用全部 CPU 核心时的运行时间 t_{cpu}，结合 GPU 运行时间 t_{gpu}（$t_{\text{gpu}} = t_1$），可以求得在轨高并发处理条件下，对耗时算法进行 CPU/GPU 协同改造的最佳计算量分配比例。设 ρ 为分配到 CPU 上的计算量比例，总计算量为 M，阶段二算法占用全部 CPU 核心时处理性能为 P_{cpu}，使用 GPU 时处理性能为 P_{gpu}，则有

$$\begin{cases} P_{\text{cpu}} = \dfrac{M}{t_{\text{cpu}}} \\[2mm] P_{\text{gpu}} = \dfrac{M}{t_{\text{gpu}}} \\[2mm] \dfrac{(1-l_{\text{total}})P_{\text{cpu}}}{P_{\text{gpu}}} = \dfrac{\rho M}{(1-\rho)M} \end{cases} \tag{2-19}$$

整理可得

$$\rho = \frac{t_{\text{gpu}}\left(1-l_{\text{total}}\right)}{t_{\text{cpu}} + t_{\text{gpu}}\left(1-l_{\text{total}}\right)} \tag{2-20}$$

对式 (2-18) 和式 (2-20) 进行分析可知，计算 ρ 需要的值中，t_{gpu} 和 t_{cpu} 均容易通过实测获得；而 l_{total} 涉及较多因素，变量 l_0、l_1、l_2 均难以精确测得，实际可使用阶段二耗时占三个阶段总耗时的比例来间接估算，但对于 CPU 与 GPU 性能差距过大的算法，ρ 值本身较小，实施异构并行作用不明显。

用式 (2-20) 求得的 ρ 对阶段二的耗时算法进行改造，改造后的耗时 t_1' 为

$$t_1' = \frac{\rho}{1-l_{\text{total}}}t_{\text{cpu}} = (1-\rho)t_1 \tag{2-21}$$

2.4　本　章　小　结

传统遥感卫星服务链路长、系统响应慢，主要面向专业用户，无法满足高时效用户、大众化用户的应用需求。为了提高卫星应用服务的智能化水平，本书提出了智能遥感卫星实时服务体系架构。通过构建智能遥感卫星实时服务总体框架，开创了遥感卫星在轨处理与实时传输服务"B2C"的新模式；提出了智能遥感卫星资源协同管理与服务机制，从全局角度协同管理和优化配置星地资源，将星地形成一个完整的处理体系，为遥感影像实时智能服务提供基础支撑；提出了任务驱动的星地协同在轨流式并行处理架构，对面向在轨嵌入式设备的流式处理架构进行了分析与设计，同时顾及不同算法特性，采用数据并行或流水线并行的方式合理利用多计算资源，在保持容错能力的同时，实施异构单元的多层次并行，实现遥感影像"边获取-边处理-边传输"。

参 考 文 献

白洪涛. 2010. 基于 GPU 的高性能并行算法研究. 吉林: 吉林大学.

高新洲, 郭延宁, 马广富, 等. 2021. 采用混合遗传算法的敏捷卫星自主观测任务规划. 哈尔滨工业大学学报, 53(12): 1-9.

罗耀华. 2013. 高性能计算在高光谱遥感数据处理中的应用研究. 成都: 成都理工大学.

李德仁, 王密, 杨芳. 2022. 新一代智能测绘遥感科学试验卫星珞珈三号 01 星. 测绘学报, 51(6): 789-796.

卢风顺, 宋君强, 银福康, 等. 2011. CPU/GPU 协同并行计算研究综述. 计算机科学, 38(3): 5-9.

孙从容, 刁宁辉, 韩静雨, 等. 2022. 海洋卫星北极多区域遥感成像任务规划及应用评估. 极地研究, 34(2): 189-197.

王静巧, 杨磊, 庄超然, 等. 2022. 面向应急事件的卫星任务规划技术. 航天返回与遥感, 43(3): 105-112.

王密, 仵倩玉. 2022. 面向星群的遥感影像智能服务关键问题. 测绘学报, 51(6): 1008-1016.

王密, 杨芳. 2019. 智能遥感卫星与遥感影像实时服务. 测绘学报, 48(12): 1586-1594.

仵倩玉. 2024. 语义描述驱动的遥感卫星观测服务方法研究. 武汉: 武汉大学.

杨靖宇. 2011. 摄影测量数据 GPU 并行处理若干关键技术研究. 郑州: 解放军信息工程大学.

杨立峰, 陈祥, 郭海波, 等. 2022. 星座多目标成像自主任务规划技术研究. 无线电工程, 52(7): 1154-1159.

张耀元, 杨洪伟, 袁荣钢, 等. 2023. 面向卫星多目标重复观测任务的分层聚类规划. 中国空间科学技术, 43(1): 29-43.

张致齐. 2018. 任务驱动的高分辨率光学遥感影像星上实时处理关键技术研究. 武汉: 武汉大学.

赵文波, 李帅, 李博, 等. 2021. 新一代体系效能型对地观测体系发展战略研究. 中国工程科学, 23(6): 128-138.

Fang L, Wang M, Li D, et al. 2014. CPU/GPU near real-time preprocessing for ZY-3 satellite images: Relative radiometric correction, MTF compensation, and geocorrection. ISPRS Journal of Photogrammetry and Remote Sensing, 87(1): 229-240.

Karger D, Lehman E, Leighton T, et al. 1997. Consistent hashing and random trees: distributed caching protocols for relieving hot spots on the World Wide Web//Twenty-Ninth ACM

Symposium on Theory of Computing: 654-663.

Wang M, Zhang Z, Zhu Y, et al. 2017. Embedded GPU implementation of sensor correction for on-board real-time stream computing of high-resolution optical satellite imagery. Journal of Real-Time Image Processing, (6):1-17.

Zhai X, Yue P, Jiang L, et al. 2014. Three-dimensional geospatial information service based on cloud computing. Journal of Applied Remote Sensing, 8(1): 085195.

Zhai X, Yue P, Zhang M D. 2016. A sensor web and web service-based approach for active hydrological disaster monitoring. International Journal of Geo-Information, 5(10): 171.

第3章 高分辨率光学卫星遥感数据在轨实时预处理

随着科技进步，遥感技术也取得了跨越式的发展，光学遥感卫星影像的分辨率已经达到亚米级，卫星获取的数据量呈几何级增长。与此同时，公众对技术应用的期待日益提高，对遥感影像在区域监测、目标定位、目标跟踪、灾害响应、应急救援、突发事件处置等时间敏感应用领域的数据时效性要求不断提高，几何级增长的遥感数据量给有限的星地数传链路和地面处理系统带来巨大压力。为充分利用有限的星地传输带宽和卫星过境时间窗口，缩短信息获取时延，需要探索新型应用模式，建立"星上获取并处理数据-有效信息下传分发"的二级数据获取和处理模式，通过在星上部署计算平台，将关键处理算法迁移到星上实现实时处理与信息提取，从而有效减少数据量、降低星地数传和地面处理压力(张致齐，2018；乔凯等，2021；王密和杨芳，2019)。此外在大温差、高辐照的空间环境下，需要对星载电子设备实施温控、辐照保护、冗余备份等手段来保证其正常运行，星上处理平台的体积、功耗、性能受到严格限制，给星上处理带来了很大的挑战。

本章首先对星地协同智能遥感卫星在轨面向任务的产品处理框架进行介绍，然后对星地协同的高精度几何定位、面向任务的星上兴趣区提取进行说明，并针对星上处理环境受限条件下的星上兴趣区快速校正处理、基于物方一致性的星上实时稳像和多源遥感影像星上实时融合方法进行阐述，最后对本章进行了总结。

3.1 星地协同遥感影像在轨处理框架

传统光学遥感数据处理是以影像产品为核心进行数据处理、分发与应用，其数据获取和处理过程中包含数据获取、星地数传、地面站接收、地面中心处理、产品分发等步骤。由地面处理系统持续生产并累积多颗卫星产生的数据，在需要特定区域的影像数据产品时，再通过查询在产品库中寻找并使用。该过程中，数据需要经过多次压缩、解压、通信、接收、记录、格式化、处理、落盘等操作，需要消耗大量的传输、计算与存储资源，针对特定区域的产品数据获取时延往往在数十分钟以上，难以满足公众日益提高的时效性要求。

与之相对的是，智能遥感卫星星上处理应以时效性为核心，其数据获取、处理和通信应受特定任务驱动而进行，以满足任务需求为目标进行数据的提取与加工，而非采用先批量生产产品后等待使用的方式。对软硬件受限条件下的星上处理而言，传统以光学遥感影像产品为核心的处理流程较为复杂，算法步骤多，需要的计算量、存储量大，难以在星上实现。需要围绕如图 3-1 所示的任务驱动的方式构建星地协同机制，以星上高精度实时几何定位技术为核心，在对地观测成像过程中，对地面上注的 ROI 区域进行实时定位、提取与处理。使用星地协同的处理机制，一方面，由地面处理系统完成历史数据积累、参数统计、系数解算等需要存储大量数据、消耗大量计算资源的耗时处理；另一方面，由星上处理系统使用地面上注的算法、配置、算法参数和任务指令，对任务指定的 ROI 区域进行实时处理，并保持星上处理精度与地面一致。

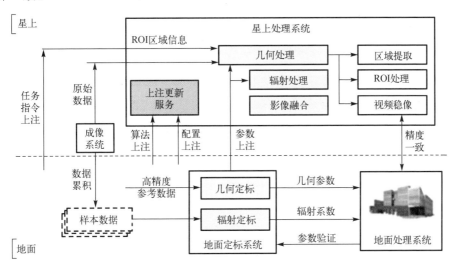

图 3-1　任务驱动的星地协同机制

任务驱动的星上处理根据上注的任务指令对星上原始数据进行过滤和处理，包括数据流入、数据处理、数据流出三大步骤。其核心难点在于原始相机数据量大、星上处理能力不足，以及处理结果的实时性要求高，因此，必须在相机数据流入的同时，利用星上高精度实时几何定位技术定位并提取任务相关的兴趣区域数据，再对其进行高性能处理。

如图 3-1 所示，任务驱动的星上处理围绕地面上注的任务指令，根据任务指令中的 ROI 区域信息，对流入星上处理平台的原始数据进行处理。处理过程中需要使用的预置或上注参数包括：相机几何定标参数、相机辐射定标参数、地球自转参数（岁差、章动、极移等）、算法配置参数以及全球数字高程模型（Digital Elevation Model，DEM）等参数。处理的原始数据来自卫星成像系统，包括原始影像和相机成像辅助数据；姿态、轨道原始数据通过卫星平台数据总线广播传入。处理步骤包括原始数据解析、高精度几何定位计算、ROI区域定位、ROI区域提取、相对辐射校正、传感器校正处理、系统几何校正处理、视频稳像处理、影像融合处理等，最终输出任务指令指定的ROI区域的系统几何校正融合影像。

根据任务指令中的ROI区域信息，结合实时的高精度几何定位计算，可以在星上处理平台没有能力对不断流入的数据持续进行缓存的情况下，尽可能快速地精准定位有效的待处理数据，并只对该区域内数据进行处理，显著减小总体计算量，提高处理时效性。

3.2　面向任务的兴趣区域在轨实时定位

不同于传统的以影像产品为核心的数据处理方式，任务驱动的数据处理方式围绕地面上注的任务指令中的任务区域数据进行实时定位、提取和处理。兴趣区域（ROI）的提取是实现任务驱动的数据处理模式的前提（张致齐，2018；Zhang et al., 2022）。因此，提出面向ROI的星上兴趣区快速提取算法，在原始数据流入星上处理平台的同时，快速确定ROI的覆盖范围（起止行列号），从而对该区域的数据进行后续处理。同时，设计多ROI并发实时定位方法，满足星上流式处理的应用需求。

3.2.1　星地协同在轨影像高精度几何定标

严密几何成像模型是基于光学遥感卫星成像时刻每个CCD探元、投影中心以及物方点的共线关系，建立其物理几何成像模型，具体如下

$$\begin{bmatrix} x \\ y \\ z \end{bmatrix}_{Cam} = \mu R_{Body}^{Cam}(pitch,roll,yaw) \left[R_{J2000}^{Body} R_{WGS84}^{J2000} \begin{bmatrix} X_g - X_{gps} \\ Y_g - Y_{gps} \\ Z_g - Z_{gps} \end{bmatrix}_{WGS84} - \begin{bmatrix} B_X \\ B_Y \\ B_Z \end{bmatrix}_{Body} \right] \quad (3-1)$$

式中，μ是比例系数，(x,y,z)为成像的CCD探元在相机坐标系中的三维坐标，(X_g,Y_g,Z_g)和$(X_{gps},Y_{gps},Z_{gps})$分别表示CCD探元对应的物方点和GPS接收机天线相位中心在WGS84坐标系下的坐标，R_{WGS84}^{J2000}、R_{J2000}^{Body}、R_{Body}^{Cam}分别代表WGS84

坐标系到 J2000 坐标系的旋转矩阵、J2000 坐标系到卫星本体坐标系的旋转矩阵、卫星本体坐标系到相机坐标系的旋转矩阵，(pitch,roll,yaw) 表示用于确定旋转矩阵 R_{Body}^{Cam} 的三个安装角，(B_X,B_Y,B_Z) 表示从 GPS 天线相位中心到传感器投影中心的偏心矢量在卫星本体坐标系下的坐标。

　　光学影像地面高精度几何定标(王密等，2017)从严密几何成像模型出发，首先对影响几何定位的各类误差源进行分析与分类，主要分为相机内方位元素误差、相机安装误差、姿态轨道误差以及其他未模型化误差(大气折光、平台震颤等)，然后针对需要标定的参数构建定标模型。在轨几何定标主要需要确定对地相机的内部几何参数(相机主点、主距、镜头畸变等)和外部几何参数(相机安装参数等)。考虑到相机内部参数的强相关性会导致定标模型过度参数化，故采用指向角模型简化内定标模型(Wang et al., 2017; Wang et al., 2019)，如下

$$\begin{cases} \psi_x(s) = ax_0 + ax_1 \times s + ax_2 \times s^2 + ax_3 \times s^3 \\ \psi_y(s) = by_0 + by_1 \times s + by_2 \times s^2 + by_3 \times s^3 \end{cases} \tag{3-2}$$

式中，$ax_0,ax_1,ax_2,ax_3,by_0,by_1,by_2,by_3$ 表示内定标参数，描述相机焦平面上 CCD 各探元指向角，S 则表示探元号。内定标模型确定各探元在相机坐标系下的指向角。相机外部安装误差采用安装角构成的矩阵 R_{body}^{cam}(pitch,roll,yaw) 进行表达，其中 (pitch,roll,yaw) 表示外定标参数，该误差用于描述卫星成像过程中相机和星敏安装角的安装等外部系统误差的综合影响，确定相机坐标系在本体坐标系中的方向，为内定标参数的解算确定参考基准。

　　外定标参数 X_E 与内定标参数 X_I 虽然代表着不同的物理含义，但是数学上它们仍然是高度相关的，若同时将其作为未知数进行求解，虽不会影响方程最后的收敛解算，但求得的外定标参数与内定标参数将失去其原本该有的物理意义。因此设计了定标参数的分步解算方法，在保证正确求解定标参数的前提下，最大限度地保留内外定标参数本身蕴含的物理意义，便于后期的分析应用。定标参数的分步解算有两个主要的优点，首先，保留了内外定标参数原有的物理意义，其次是将"稳定"的内定标参数与"不稳定"的外定标参数进行了有效的分离，这样不仅有利于分析外定标参数随温度变化的规律，也有助于分析相机内部畸变实际的变化情况。

3.2.2　兴趣区域影像在轨高精度几何定位

　　传统的遥感影像地面几何定位以原始像点的高精度几何定位算法为基础，原始像点的几何定位流程如图 3-2 所示。根据要定位的原始像点坐标 (s,l)，结

合来自于相机原始数据中的成像时间数据，得到像点所在原始成像行的精确时刻；根据成像时刻，对临近时间采样的姿态数据、轨道数据进行内插，得到成像时刻的姿态、轨道信息；根据姿态、轨道信息及上注的相机几何参数可构建该成像行的严密几何成像模型；根据严密几何成像模型和成像探元序号 s，即可求得原始像点对应的地理坐标 (L,B,H)。

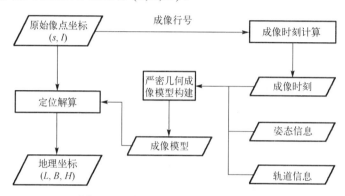

图 3-2　原始像点的几何定位流程

在轨兴趣区域(ROI)定位与地面像点的定位算法不同，需要根据任务指令中指定的 ROI 区域中心的经纬度和尺寸，反算整个 ROI 区域在原始影像上的覆盖范围。时间延迟积分 CCD 的成像机理决定了 ROI 区域定位过程相对复杂。

由于星上计算平台不具备持续存储相机流入的原始数据的能力，如果在数据流入过程中无法及时完成指定 ROI 区域的处理，则在数据流入完毕后便无数据可处理，从而导致任务失败。因此不同于传统地面处理，星上处理必须实现实时的流式处理。其中，在数据流入过程中实时完成对 ROI 区域定位又是顺利完成任务的先决条件，需要考虑以尽可能低的计算开销实现 ROI 区域的准确定位。

ROI 区域实时定位算法流程如图 3-3 所示，来自相机系统的原始影像条带数据持续输入，从 T_0 时刻开始，算法每隔 Δt 时间对当前成像区域位置进行实时计算，具体步骤包括：

①建立当前成像行的严密几何成像模型；

②计算当前行首尾端点的地理坐标，得到点 p_0, q_0；

③$T_1 = T_0 + \Delta t$ 时刻，重复上述步骤①和步骤②，得到点 p_1, q_1；

④判断 ROI 中心点是否位于矩形内，如不是，则 Δt 后继续重复上述计算；

⑤如 ROI 中心点位于矩形内，进一步计算该点准确图像坐标和 ROI 区域范围(起止行号、起止列号)。

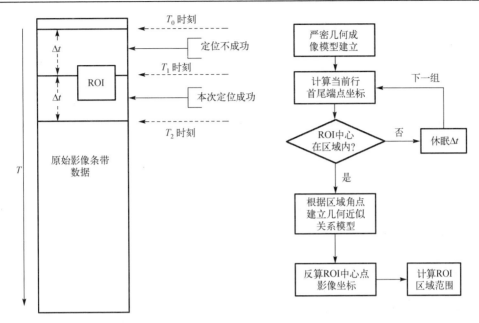

图 3-3　ROI 区域实时定位算法流程

需要注意的是，上述算法隐含了一条重要的约束，即步骤③～步骤⑤的实际执行时间必须小于 Δt，而基于严密几何成像模型的坐标反算需要迭代，耗时且不可控。故步骤④中，计算 ROI 中心点坐标时，需要利用已计算的序列角点坐标 (p_i, q_i)，采用一定的近似方法来替代严密几何成像模型。可选的方法包括仿射变换（Affine Transformation，AT）模型、直接线性变换（Direct Linear Transformation，DLT）模型等。

AT 模型如下

$$\begin{cases} s = a_0 + a_1 B + a_2 L + a_3 H \\ l = b_0 + b_1 B + b_2 L + b_3 H \end{cases} \tag{3-3}$$

式中，$a_0, a_1, a_2, a_3, b_0, b_1, b_2, b_3$ 为 AT 系数，可视情况考虑是否考虑高程因素，分别需要至少 3 个已知点(不考虑高程，a_3 和 b_3 均为 0)和 4 个已知点(考虑高程)。

DLT 模型如下

$$\begin{cases} s = \dfrac{l_1 B + l_2 L + l_3 H + l_4}{l_9 B + l_{10} L + l_{11} H + 1} \\[2mm] l = \dfrac{l_5 B + l_6 L + l_7 H + l_8}{l_9 B + l_{10} L + l_{11} H + 1} \end{cases} \tag{3-4}$$

式中，$l_1, \cdots, l_{11}$ 为 DLT 系数，需要至少 6 个已知点进行结算。

　　具体实现时，需要根据 ROI 区域定位精度需求、星上处理性能和 Δt 设置，综合选择合适的替代模型，将已求得的离当前时刻最近的若干角点坐标 (p_i, q_i) 代入，利用最小二乘法求得选定模型的参数，用于计算 ROI 区域的中心点和角点像方坐标，并裁切覆盖 ROI 区域的原始影像。ROI 区域定位算法对显著减少后续算法的待处理数据量、降低处理压力、提高星上处理的实时性具有非常重要的作用。

　　星上流式处理的需求特点决定了在实际运行中，ROI 区域定位计算不能阻断整体处理流程，需要在与主流程并行的子流程中完成。在子流程完成 ROI 定位及区域范围计算的同时，主流程立即开始 ROI 区域范围内数据的处理。此处涉及的多流程并发和同步问题，在上注的任务指令包含多个 ROI 区域的情况下会变得更为复杂。此外，还需要根据需求，综合考虑提取算法的流程、硬件计算性能、计算时间间隔等因素，使算法计算速度与数据流入速度相匹配。

　　并发的多个 ROI 区域定位流程如图 3-4 所示。设上注任务指令中包含 n 个 ROI 区域，主流程建立 ROI 定位状态列表，并同时启动 n 个并发的定位子流程，在待处理数据持续流入的同时，n 个并发的定位子流程同时进行 n 个 ROI 区域的定位计算。对某个特定的定位子流程而言，若当前流入的数据已覆盖了自身负责的 ROI 区域，则定位成功，子流程更新主流程建立的 ROI 定位状态列表中对应的 ROI 的状态并结束执行；同时主流程按照一定的时间间隔，轮询 ROI 定位状态列表，若发现某 ROI 区域定位成功，则立即启动处理子流程，开始 ROI 区域的处理。值得注意的是，ROI 定位状态列表属于并发流程间的共享资源，使用时需要使用通过释放（Passeren and Vrijgeven, PV）操作对其状态进行保护。

　　每个子流程完成一次 ROI 定位计算耗时 t_{roi}，计算间隔 Δt 理论上必须满足

$$\Delta t > \frac{n t_{\text{roi}}}{6} \tag{3-5}$$

　　事实上，考虑到一旦有 ROI 区域定位成功后，主流程会立即启动处理流程对其进行处理，占用部分计算资源，此时 Δt 的临界状态难以估计，故一般需要将定位计算时间间隔 Δt 设定为相对 t_l 足够大的值。当 Δt 较大时，ROI 区域快速定位算法中的矩形覆盖的地理范围也较大。此时，一方面初步定位的 ROI 区域中心点的位置较粗；另一方面，近似模型精度也较差，综合而言会导致最终求得的 ROI 区域的定位精度相对较低。反之，当 Δt 较小时，求得的 ROI 区域的

定位精度较高，但需要视实际情况对上注的任务指令中的 ROI 区域数目和出现
频率做出限定。

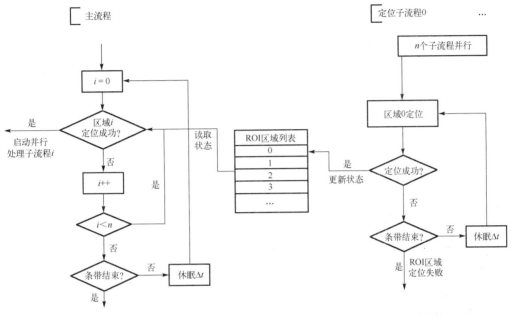

图 3-4　并发多 ROI 区域定位

3.3　兴趣区域影像在轨快速提取与校正

在高分辨率光学卫星数据处理过程中，为得到连续完整可用的影像，针
对由相机自身镜头畸变、安装误差、平台震颤等因素导致的原始影像不连
续、不对齐和畸变，以及不同影像片间的拼接及不同谱段影像间的配准问
题，需要首先对原始影像进行传感器校正处理。要基于算力受限的星载计
算平台实时完成海量数据的快速处理，一方面处理程序能够实时接收来自
相机的海量原始数据；另一方面需要结合星载计算平台硬件特点实现处理
算法的高效映射。

为了实时接收全部相机原始数据，并同时完成兴趣区的快速校正处理，本
章基于多级缓存机制构建了如图 3-5 所示的处理流程。程序启动后，首先启动
3 个并发的子线程，子线程 1 用于监听高速数据传输接口，负责实时接收相机
原始数据码流，并对其进行解码后存入相机数据缓存；子线程 2 用于监听低速
接口，负责接收卫星平台辅助信息，存入辅助数据缓存；子线程 3 监视相机数

据缓存与辅助数据缓存，并实时计算当前传入数据对应的地面经纬度范围，从而锁定兴趣区数据，锁定数据后，按照相机传感器片号，将覆盖待处理区域的数据存入相应的传感器缓存。主线程启动 3 个子线程后，则开始监听传感器缓存，发现其中开始存入数据后，主线程启动对该数据的处理。线程 1、2、3 与主线程并发运行，互不干扰，能够基于星载硬件计算能力实现对海量相机数据的实时处理。

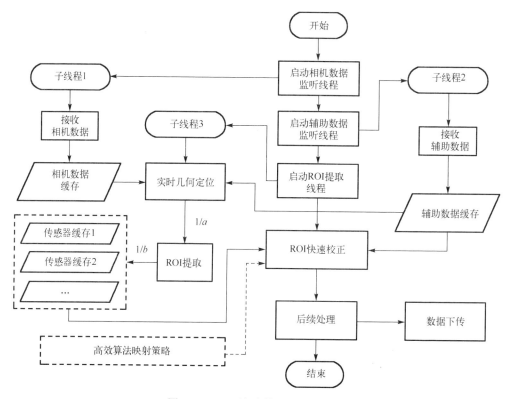

图 3-5　ROI 快速校正处理流程

3.3.1　兴趣区域影像快速校正算法

3.3.1.1　稳态重成像模型构建

在原始影像的严密成像几何模型建立的基础上即可建立稳态重成像模型。本质上，稳态重成像模型是一种稳态成像条件下的严密成像几何模型。严密成像几何模型的外方位元素(姿态、轨道)可以通过成像时刻进行内插获取。考虑到轨道的平滑性，稳态成像的轨道内插与原始成像轨道内插模型相同，通常使用多项式模型。但稳态成像的姿态角必须要保证平滑，需将姿态的抖动部分予以滤除，如图 3-6 所示。

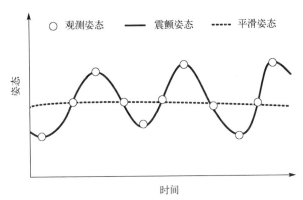

图 3-6　原始成像姿态与稳态重成像姿态示意图

　　除了平台运动带来的影像畸变外，相机镜头畸变、探元变形也是引起影像内部畸变的重要因素。因此在重成像过程中也需要考虑内方位元素的准确性，否则校正后的影像仍存在很大的变形。

　　通过虚拟稳态重成像即可得到理想条件下的中心投影影像，并建立虚拟稳态重成像的严密成像几何模型，即

$$
\begin{bmatrix} \tan(\psi_x) \\ \tan(\psi_y) \\ 1 \end{bmatrix} = \lambda R_{\text{Body}}^{\text{cam}} \tilde{R}_{\text{J2000}}^{\text{Body}}(\tilde{\varphi}(t), \tilde{\omega}(t), \tilde{\psi}(t)) R_{\text{WGS84}}^{\text{J2000}}(t) \begin{Bmatrix} X & X_s(t) \\ Y - Y_s(t) \\ Z & Z_s(t) \end{Bmatrix} \tag{3-6}
$$

式中，ψ_x、ψ_y 是虚拟 CCD 的探元指向角(根据探元号确定)；λ 是成像比例尺；t 为虚拟成像时刻，首行时间确定后，后续成像行时间通过积分时间累加可得；$R_{\text{Body}}^{\text{cam}}$ 为卫星本体坐标系到相机坐标系的旋转矩阵(通过在轨几何定标确定)；$\tilde{R}_{\text{J2000}}^{\text{Body}}$ 为 J2000 坐标系到卫星本体坐标系的旋转矩阵，由 $\tilde{\varphi}(t)$、$\tilde{\omega}(t)$、$\tilde{\kappa}(t)$ 确定，而 $\tilde{\varphi}(t)$、$\tilde{\omega}(t)$、$\tilde{\kappa}(t)$ 为稳态成像时的俯仰 pitch、翻滚 roll、偏航 yaw，通过成像时间内插滤波处理后的姿态角得到；$R_{\text{WGS84}}^{\text{J2000}}(t)$ 为 WGS84 坐标系到 J2000 坐标系的旋转矩阵；$[X_s(t), Y_s(t), Z_s(t)]^{\text{T}}$ 为相机投影中心在 WGS84 直角坐标系的坐标，由 GPS 观测数据通过时间内插得到；$[X, Y, Z]^{\text{T}}$ 表示像点对应地面点在地球固定空间坐标系的坐标。

　　基于虚拟稳态重成像原理可利用无畸变的虚拟单线阵代替原始有畸变的分片线阵影像，将原来非稳态(积分跳变、分片异速、姿态抖动)的推扫成像条件转变为稳定、匀速(积分不变、分片同速、姿态平滑)的推扫成像条件，在稳态

条件下进行重成像，从而得到无畸变的完整景影像，同时得到稳态成像的高精度有理多项式系数（Rational Polynomial Coefficients，RPCs）。因此稳态重成像模型不仅可以解决多片线阵拼接、多波段配准、镜头畸变等带来的影像内部畸变问题，还可以解决积分时间跳变等问题以保证推扫成像过程中卫星的稳定性。

3.3.1.2　有理多项式参数解算

通过分片原始传感器的严密几何成像模型，以及虚拟传感器的严密几何成像模型，可以建立原始影像到传感器校正影像的坐标映射关系。然而，由于严密几何成像模型的坐标反算需要迭代，计算量大且不稳定，因此，采用更通用、更高效的 RFM 模型替代虚拟传感器的严密几何成像模型。

RFM 模型是一种直接建立像点像素坐标和与其对应物方点地理坐标关系的通用有理多项式模。在不依赖地面控制点的情况下，可采用地形独立法将严密几何成像模型高精度地转换为 RFM：先使用严密几何成像模型生成足够数量的虚拟控制点，如图 3-7 所示，然后即可通过最小二乘法求得高精度 RFM 的有理多项式系数。

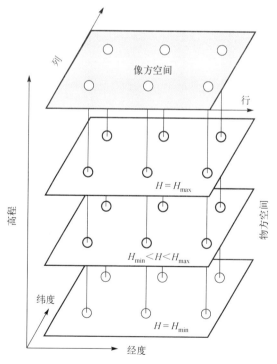

图 3-7　RFM 模型虚拟控制点分布

3.3.1.3　物方传感器校正处理

在确定了各片原始影像严密几何成像模型与校正影像的有理函数模型后，以像点对应的地理坐标为媒介，可建立原始影像与校正影像的坐标对应关系，并依此进行坐标映像和像素的重采样。像素的重采样即可得到校正后的影像。基于物方传感器校正的流程图如图 3-8 所示。

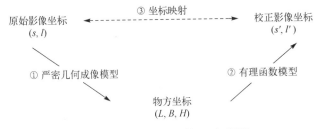

图 3-8　物方传感器校正流程图

①对于原始影像像点 (s,l) 而言，根据探元号可确定内定向元素，行号可确定成像时刻，进而可确定外定向元素。因此，可将 (s,l) 和高程 H（平均高程或 DEM）代入原始影像的严密几何成像模型，得到像点的物方坐标 (L,B,H)。

②将物方坐标 (L,B,H) 代入校正影像的有理函数模型，可得到校正影像坐标 (s',l')。

③确定原始影像坐标 (s,l) 与校正影像坐标 (s',l') 的映射关系后，使用灰度内插的方法即可得到校正影像像点灰度值。

④重复以上步骤，逐点完成像素重采样，得到校正影像。

由于运算过程基于物方一致性的原理，理论上，只要地面标定的相机几何参数和星上测定的姿态轨道信息足够准确，校正后的影像谱段间已完成了配准，且分片影像可直接进行拼接得到连续的完整影像。

3.3.2　兴趣区域影像校正算法高效映射

本节涉及的光学卫星在轨处理算法主要包含数据解析、兴趣区定位与裁切和传感器校正三大部分。其中，数据解析主要针对相机原始数据和姿态轨道原始数据进行格式转换，主要操作为数据的收发，计算量可忽略，后续不对其进行讨论。

如表 3-1 所示，ROI 定位与裁切算法可进一步划分为姿态数据插值、轨道数据插值、严密几何模型构建、ROI 中心点位置判断、近似模型拟合及坐标反算等详细算法步骤，这些算法并行度较低，运算复杂度不高，计算负载轻，星上处理环境中可直接映射至 CPU 进行处理。

表 3-1　ROI 定位与裁切算法特性分析

算法模块	计算负载	并行度	是否迭代	数据相关性
姿态数据插值	轻	低(整星)	否	无
轨道数据插值	轻	低(整星)	否	无
严密几何模型构建	轻	低(逐片 CCD)	否	无
ROI 中心点位置判断	轻	低(逐 ROI)	否	无
近似模型拟合	轻	低(逐 ROI)	否	无

对于如表 3-2 所示的传感器校正与拼接算法而言，类似 ROI 定位与裁切算法中的步骤，其姿态数据插值、轨道数据插值、严密几何模型构建等算法步骤并行度较低，运算复杂度不高，计算负载轻，星上环境中可直接映射至 CPU 进行处理；RPCs 参数计算步骤并行度中等，计算负载中等，映射至 CPU 进行多核处理可满足要求；像素重采样步骤采用双线性或双三次插值算法，需要逐像素运算，并行度高、计算负载重，且数据间不相关、无须迭代，与 GPU 架构契合度高，适合映射至 GPU 进行处理；如 3.3.1.3 节所述，本节采用了基于物方一致性的稳态重成像传感器校正几何处理算法，影像拼接步骤仅需要对各片影像搭接区进行羽化处理，并行度低，计算负载不高，可直接映射至 CPU 进行多核处理。

表 3-2　兴趣区校正与拼接算法特性分析

算法模块	计算负载	并行度	是否迭代	数据相关性
姿态数据插值	轻	低(整星)	否	无
轨道数据插值	轻	低(整星)	否	无
严密几何模型构建	轻	低(逐片 CCD)	否	无
RPCs 参数计算	中	中(逐块)	否	弱
像素重采样	重	高(逐像素)	否	无
影像拼接	轻	低(逐片 CCD)	否	弱

3.3.2.1　CPU/GPU 协同处理的算法映射

星上嵌入式平台包含有多个计算单元(CPU)和多核并行处理单元(GPU)，对于本章选用的采用 4 片 TDICCD 线阵传感器的某卫星来说，可采用 4 片物理片和 1 片虚拟片并行的处理策略，每片传感器相关的处理任务各由 1 个 CPU 核心负责，剩余 1 个 CPU 核心负责处理部分辅助计算任务，包括外部数据交换、内存数据交换、系统服务等。对于包含大量逐像素操作的多光谱数据插值以及像素重采样等算法,利用嵌入式 GPU 的 256 个 CUDA 核心并行处理。CPU/GPU 协同处理流程如图 3-9 所示。

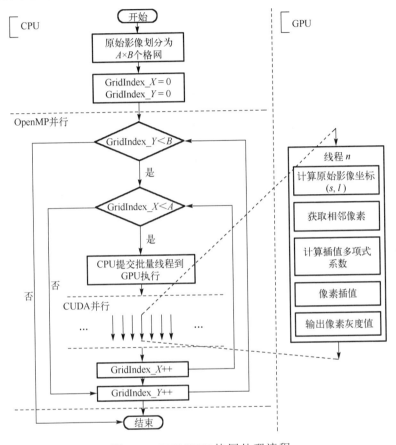

图 3-9　CPU/GPU 协同处理流程

按照本节中对各算法特性的定性分析,总体而言,计算负载低或并行度不高的算法被映射到 CPU 核心进行处理,包括姿态数据插值、轨道数据插值、严密几何模型构建、ROI 位置判断、近似模型拟合、坐标反算、ROI 区域裁切、均一化辐射校正等;计算负载稍高的算法,包括 RPCs 参数计算、影像拼接只需整体运行一次,将其映射到 CPU 进行多核并行处理能很好地满足要求;对于需要逐像素处理的,计算负载高、并行度高的算法,则将其映射到 GPU 的 256 个 CUDA 核心进行并行处理,包括多光谱数据插值、像素重采样等。

从处理流程上看,假设由第一个 CPU 核开始执行主要流程:以一定时间间隔,对持续输入的姿态数据、轨道数据进行插值,并以覆盖整个幅宽的理想虚拟 CCD 的相机几何参数来进行定位计算,判断当前推扫成像范围是否覆盖了 ROI 中心点。一旦成功覆盖,则进一步计算 ROI 区域的范围,同时由其余 CPU 核心根据求得的范围,分别对 4 片物理 CCD 影像数据进行裁切和均一化辐射校正。对传感器校正,利用 CPU 核心持续插值求得的姿态信息、轨道信息和各片物理 CCD 的相机几何参数,构建各物理片严密几何模型,结合求得的 RPCs 参数,得到分片原始影像到整片虚拟影像的逐像素映射关系。根据此映射关系在 GPU 的 256 个 CUDA 核上并行执行像素灰度重采样运算,得到分片的虚拟影像。视 ROI 覆盖范围,再由 CPU 核心进行虚拟影像的拼接,得到完整的、已配准的 ROI 区域全色、多光谱虚拟影像,完成传感器校正处理。

(1)多线程 CPU 算法映射。

嵌入式平台中的计算单元 CPU 通常包含处理核心,支持多种多线程并行方案。对于 RPCs 参数计算、影像拼接等采用 CPU 多核并行加速的算法而言,需要选用合适的多线程加速方案提升处理性能。当今主流的原生支持多核心处理器的跨平台多线程库主要有 Pthreads、Jthreads、BoostThread、OpenThreads 和 OpenMP,前四者都对特定操作系统底层线程使用 API 进行了封装,同时提供了跨平台的统一接口,功能支持全面,但其缺点在于,需要开发者对线程的创建、运行、结束、销毁等细节和操作有充分的了解,并能做出精准的控制,对原有算法代码的侵入性较强,会大幅增加程序设计的复杂度。与之相较,OpenMP 是一套使用共享内存的多线程并行程序编译执行标准,获得了广泛的支持。通过精准地使用一系列 OpenMP 预编译指令,无须改变原有主体算法代码逻辑,支持 OpenMP 的编译器即可自动将原有程序编译为多线程程序,无须显式依赖或调用线程相关操作接口,线程的创建、运行、结束、销毁等操作均由 OpenMP 自动完成。

(2)CUDA 算法映射策略。

星上嵌入式平台中的 GPU 部分由众多 CUDA 核心构成。相比于使用 OpenCL 等通用 GPU 计算接口,使用原生的 CUDA 接口进行开发,可以更为高效地利用 CUDA 设备解决复杂问题,具有更好的性能和更高的可编程性。同时,CUDA 开发环境使用最为普遍的标准 C 语言进行开发,提供了完善的开发平台和组件以及完备的技术支持。在典型的 CUDA 应用中,通过将一段计算任务分解为大量可同时执行的子任务,并将子任务映射为等量的 CUDA 线程,批量提交到 CUDA 核心调度器进行并发处理,可以获得可观的性能提升。计算任务分解为大量线程后,CUDA 按照"格网(Grid)-块(Block)-线程(Thread)"的层次来管理批量线程:最高层是格网,一个格网包含若干个块,一个块包含若干个线程。实际由每个独立运行于 CUDA 核心上的线程完成计算和处理任务。CUDA 核心实际执行算法前需要先对格网、块、线程的维度和大小进行指定，然后调用被称为"核函数"的方法批量启动处理线程。

　　本节涉及的传感器校正处理算法，占用了大部分执行时间，是处理瓶颈所在。因此有效提升其性能对提升星上处理流程整体性能具有决定性的作用。传感器校正处理的最后一个算法步骤为逐像素的灰度重采样，首先，根据前置步骤求得的物理 CCD 严密几何模型和虚拟影像 RPCs 模型参数，可得到 ROI 区域内的分片原始影像与虚拟影像的逐点对应关系；在此基础上，可求得虚拟影像上的任意一个像素点。在原始影像上的位置，得到相邻的若干像素点；根据若干相邻点的原始灰度值，可插值得到虚拟影像像点的灰度值，常用的插值算法中，最邻近法需要 1 个原始点，双线性插值法需要 4 个原始点，双三次插值法需要 16 个原始点。结合 CUDA 编程特点，给出传感器校正算法伪代码如算法 3-1 所示。

算法 3-1　传感器校正 CUDA 映射伪代码

输入：分片物理 CCD 严密几何模型，虚拟片 RPCs 参数，区域平均高程，分片原始影像
输出：虚拟影像

1　建立原始影像像素点与虚拟影像像素点的坐标对应关系
　　$(s,l)_{ori} \longleftrightarrow (s',l')_{vir}$
2　像素重采样（CUDA 核心并行执行）
　　2.1 将影像划分为格网，每个格网包含 ($m \times n$) 个像素
　　2.2 指定 CUDA 线程参数（与性能密切相关），包括：
　　①每个 CUDA 格网中的块数目 (B_x, B_y)
　　②每个 CUDA 块中的线程数目 (T_x, T_y)
　　③每个 CUDA 线程中处理的像素数目 (P_x, P_y)
　　确保 $(B_x \times T_x \times P_x, B_y \times T_y \times P_y) \geqslant (m,n)$
　　2.3　每个 CUDA 格网中的 $(B_x \times T_x, B_y \times T_y)$ 个线程同时提交到 CUDA 核心，并行执行：
　　每个影像格网 (m,n)，提交 $(B_x \times T_x, B_y \times T_y)$ 个线程
　　　　2.3.1 每个线程处理 (P_x, P_y) 个像素
　　　每个像素
　　　　　2.3.1.1 计算原始影像上的对应原始坐标 $(s,l)_{ori}$
　　　　　2.3.1.2 获取坐标 $(s,l)_{ori}$ 周围相邻像素
　　　　　2.3.1.3 根据原始坐标 $(s,l)_{ori}$ 计算插值多项式系数
　　　　　2.3.1.4 计算输出像素灰度值
　　　像素循环结束
　　影像格网循环结束

3.3.2.2　指令优化的核函数效率提升

核函数指令优化涉及诸多方面的细节，需要结合具体算法代码实施，整体而言可以归结为以下几条原则：

①定义尽可能少的变量，尽可能地重用变量，以节省寄存器资源；

②展开子函数，避免函数调用开销；

③只在变量使用时才定义变量，使程序更好地符合局部性原理，以利于编译器充分优化寄存器使用；

④尽量避免使用分支和循环语句。

与 CPU 核心不同，构成 CUDA 核心的大部分晶体管都用于计算单元而非控制单元，使用"if"或者"for"等与流程控制相关的代码会大幅降低 CUDA 核心的执行性；但同时，出于提升数据访问效率的考虑，又需要在单个 CUDA 线程中处理多个像素的运算，需要使用循环语。类似的情况下，需要将循环次数通过参数固定，并使用预编译指令"#pragma unroll"标识循环，以便于 CUDA 编译器将循环代码展开为连续的二进制代码，避免运行时 CUDA 核心执行低效流程控制判断。表 3-3 示意了循环代码与循环展开代码的区别。

表 3-3　循环代码与循环展开代码的区别

循环代码	循环展开代码
For each pixel 1 to n	Do pixel 1 mapping and resample
Do pixel i mapping and resample	……
End For	Do pixel n mapping and resample

有效的指令优化，通常在带来程序代码可读性下降的同时，能显著提升程序性能。对于 CUDA 程序而言，更重要的是能显著降低核函数中单个 CUDA 线程的寄存器(Registers)使用量，更有利于通过占有率(Occupancy)优化来进一步提高性能。

为了达到更好的执行性能，除了调整线程格网尺寸 (B_x, B_y) 和 CUDA 线程块尺寸 (T_x, T_y) 参数外，还需要对单个线程使用的寄存器数量进行调整。在此过程中需要考虑并遵循以下几条原则：

①由于帕斯卡架构的最小线程调度单元——线程包(Wrap)的大小为 32，每个线程块的线程总数应设定为 32 的整数倍，以避免执行不完整的线程包，造成处理单元闲置；

②每个线程格网中包含的线程块数目应大于 SM(Streaming Multiprocessor)数目，在 Tegra X2 中为 2；

③SM 中可用的寄存器数目是固定的,要使 CUDA 程序执行时达到 100%占有率,每个 CUDA 线程使用的最大寄存器数量应小于一个固定值;

④与寄存器限制类似,SM 中可用的共享内存(Shared Memory 或 L1 Cache)也会对 CUDA 程序执行时的占有率产生影响。采用较大的线程块可使用较多的共享内存,而较小的线程块能更好地隐藏数据传输的延迟。

以上几条原则中,需要考虑一些看似相互矛盾的因素,说明对 CUDA 程序占有率的优化是一个综合分析对比的过程,其最佳参数设置往往需要基于一系列性能对比分析实验后选取。其中,每个线程使用的寄存器数量是尤其重要的一个因素,需要特别注意。在 Tegra X2 模块中,单个 SM 的总寄存器数目为 65536,并发线程上限为 2048,理论上单个线程使用不超过 32 个寄存器,可使占有率达到 100%。实际使用中,可通过在程序编译时使用"-maxrregcount"编译选项对单个线程使用的最大寄存器数量进行限制。当单个线程使用的寄存器数目小于 32 时,占有率可达到 100%;当寄存器数目限制大于单个线程需要的最大数目 R_{max} 时,继续增大寄存器数目限制,占有率也不再下降。

值得注意的是,CUDA 架构下相对于共享内存,寄存器具有更高的读写速度和更低的延迟,如果分配给单个线程的寄存器数目不能满足线程使用需求,CUDA 会自动使用共享内存来替代不足的寄存器。因此,通过限制单线程最大寄存器数目来提高占有率的同时,也一定程度地降低了线程的执行效能。因此 100%的占有率并不一定能带来最好的性能,对性能的提升带来了困扰。实际使用中,首先可遵循上述优化原则对程序进行优化,使占有率达到 100%;然后可逐步放松对单个 CUDA 线程的最大寄存器使用量 R 的限制($32 \leqslant R \leqslant R_{max}$),牺牲占有率提升线程性能;最后通过实测各个方案的真实性能,综合比较选择最佳方案。

3.3.2.3　嵌入式 GPU 存储体系访问优化

除了计算速度外,数据访问速度是影响计算性能的另一重要因素。在通用 GPU 的 CUDA 编程模型中,主机内存(Host Memory)和设备内存(Device Memory)是两个非常重要的基础概念。对通用 GPU 设备而言,虽然自身拥有独立的内存,但是其本质上是作为计算机主机的外部设备而存在,通过 PCIE 高速接口与主机互联并交换数据。该架构决定了其编程模型必须包含三个主要步骤,即在 CUDA 程序执行前,必须先在设备内存中分配内存区域,将位于主机内存中的数据搬运到对应的设备内存中(Host to Device 操作);然后批量提交 CUDA 线程,由 CUDA 核心读写设备内存完成计算;最后将设备内存中的计算结果搬运到主机内存中

（Device to Host 操作），再进行后续处理。针对 CUDA 这种"传输-计算-传输"的架构有经典的性能优化手段，即通过细分待处理数据和任务，利用 CUDA 流，构建流水线体系，使上述三个步骤并行化来缩短处理时间。

对嵌入式 GPU 而言，虽然也支持传统的通用 CUDA 编程模型，但是由于硬件架构发生了变化，采用传统编程方式并不能达到最优效率。嵌入式设备中的 GPU 不再作为外部设备而存在，而是作为 CPU 的协处理器而存在，二者在物理上是同一块芯片，共享同样的内存总线，可直接进行数据交换。因此，传统的主机内存和设备内存实际使用的都是嵌入式设备的内存。此时依然沿用原有的编程模型，会导致每块数据实际占用了双倍的内存量（主机内存、设备内存各一份），且多余的两次内存数据复制操作带来了无意义的控制开销、带宽开销和时间开销。幸运的是，除了传统的内存使用方式外，CUDA 还提供了零复制内存（Zero Copy Memory）和统一内存（Unified Memory）的使用方式。这二者的设计初衷是在通用平台上通过牺牲一定的执行效能，自动进行 Host to Device 和 Device to Host 操作，屏蔽内存交换细节，从而降低传统 CUDA 编程模型下的编码难度；在最新推出的嵌入式平台上，通过 CUDA 底层的支持，恰好能够发挥架构优势，省略多余的操作步骤。值得注意的是，虽然几乎所有 CUDA 设备都支持零复制内存，但是由于其无法利用处理核的缓存（Cache），大多数情况下反而会造成性能的降低；而统一内存可以和传统编程模型一样，有效地利用 GPU 本身的多级缓存，能在嵌入式 GPU 平台中有效提高访存性能，如图 3-10 所示。统一内存可通过 CUDA 函数"cudaMallocManaged()"进行分配。

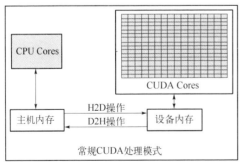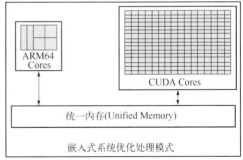

图 3-10 内存访问优化

如图 3-11 所示，CUDA 体系中提供了多层次的存储器可为每个执行线程所用，按层次划分从上往下依次为：寄存器、共享内存（1 级缓存）、2 级缓存、常量内存、全局内存，容量逐层递增，速度逐层递减。其中，寄存器位于芯片核心内部，与运算单元同速，为单个线程独占，速度最快，容量也最小；共享内存(1 级缓存)位于片上，可由线程块内所有线程共享使用，相比寄存器略慢，容量略大；更大的 2 级缓存可被线程格网共用；常量内存与全局内存同速，均为全局共享，区别在于常量内存为只读，CUDA 针对其做了特殊优化，实际性能优于支持随机读写的全局内存。由于相对下层存储器，上层存储器具有显著的性能优势，尽可能地使用上层存储器能够更好地提升整体性能。

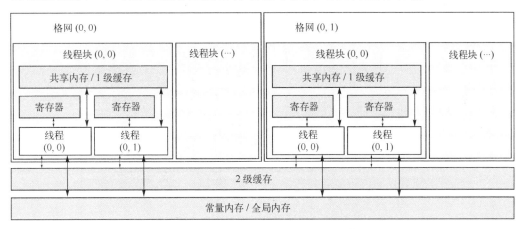

图 3-11　CUDA 体系存储层次架构

对涉及的传感器校正算法而言，单个线程运算的基本处理单元是相邻的若干个像素，线程之间无须交互，可通过 CUDA 函数“cudaFuncSetCacheConfig(kernelname,cudaFuncCachePreferL1)”将片上共享内存调配为 1 级缓存，优化线程性能。对于算法中常量参数如 RPCs 参数、多项式拟合参数等，在算法执行过程中需要被大量并发读取，且只有读操作，没有写操作的变量，可将其放入常量内存中，利用其广播(Broadcast)机制降低线程的读取延时，如图 3-12 所示。

在每个 CUDA 线程中，需要根据线程在线程格网、线程块中的位置得到线程序号，进而根据预定规则找到对应的待处理数据。因此，不同于传统的 CPU多线程，用 CUDA 对算法进行加速时，除需要考虑每个线程块的线程数目以外，还需要考虑线程块的形状及线程与数据的对应关系。本书处理对象为遥感影像，故涉及算法中将待处理数据(影像块)按照二维数组看待；为了高效地访问数据，算法中的线程块也按照二维组织，每个线程中处理一小块二维像素。对于包含 $T_x \times T_y$ 个线程的线程块而言，T_x 和 T_y 的具体取值会影响 CUDA 程序读取数据的方式和缓存命中情况，从而明显地影响执行性能。与此类似，处理 $P_x \times P_y$ 个像素的单个线程的性能也与 P_x 和 P_y 的具体取值相关。线程块、线程、数据的对应关系示例如图 3-13 所示，每个小格代表一个待处理像素，黑色粗框代表一个处理 2×2 个像素的线程，浅绿色区域代表一个包含13×10个线程的线程块。

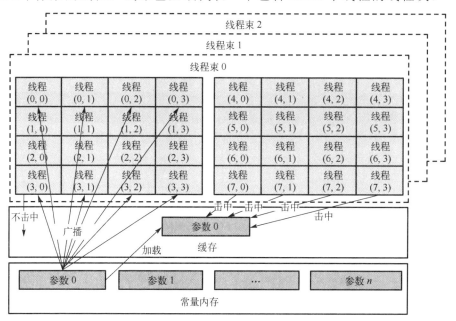

图 3-12　利用常量内存提高算法只读参数访问性能

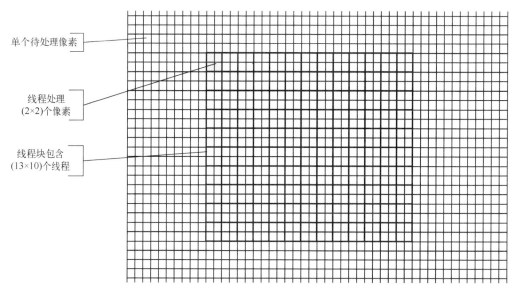

图 3-13　线程块-线程-待处理数据对应关系

3.4　遥感视频成像在轨实时稳像

在光学视频卫星凝视成像的过程中，卫星平台抖动、姿态控制误差和帧间成像视角差异等因素会导致同一目标在卫星视频不同帧之间存在数个像元的抖动，严重制约了卫星视频的应用。视频稳像的目的在于消除或者减少视频帧间的抖动，生成稳定流畅的视频，是实现卫星视频高精度应用的前提和基础。

主流视频稳像算法包括运动估计与补偿两个步骤，运动估计利用块匹配、特征法、光流法、频域法等得到帧间运动矢量，再建立运动模型；运动补偿利用上述模型，以主帧为基准对其他帧进行几何纠正从而得到稳定的图像序列（Lim et al., 2019; Kim et al., 2012; 易盟, 2013; 周楠等, 2023）。运用上述思路，学术界开展了一系列研究，并取得了很好的效果。然而，现有卫星视频稳像方法主要考虑尽可能提高稳像精度，较少考虑算法执行效率。在星载应用场景中，一方面高分辨率卫星在连续成像过程中获得的数据量很大，另一方面星载设备计算存储能力受限，很难由星载平台实时完成海量数据的稳像处理。

因此，针对卫星相机光轴指向变化导致卫星视频场景不断变化的问题，本章提出一种基于物方一致性的视频数据在轨实时稳像方法，如图 3-14 所示。主要创新包括：①与传统地面处理相比，精简了几何校正流程，缩减了

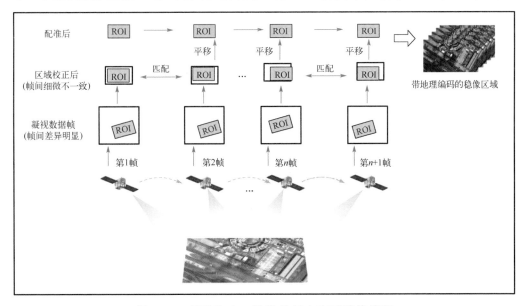

图 3-14　基于物方一致性的星上实时稳像流程

数据量并提高了处理效率；②利用几何校正后 ROI 影像基本一致的特点，使用匹配加直接平移的策略实现帧间配准，避免了传统方法逐帧重采样耗时，进一步提高了效率；③结合星载硬件特点，在算法层面构建了稳定的并行流水线，从而实时生成带有地理编码的兴趣区(ROI)视频帧序列。该方法在保证可接受的稳像精度的前提下，能够极大地提升处理效率，并适配实际的星载应用。

3.4.1　帧间实时稳像配准处理

卫星原始数据帧经过逐帧区域提取与校正后，得到带地理信息的 ROI 产品序列，虽然借此能够消除大部分帧间差异，但要满足视频生成需要，仍然需要以首帧为基准，对 ROI 产品序列做出逐帧微调。本章采用相关系数法进行帧间匹配，相关系数的计算方法如下

$$\rho(c,r)=\cfrac{\displaystyle\sum_{i=1}^{m}\sum_{j=1}^{n}(g_{i,j}g_{i+r,j+c})-\cfrac{1}{mn}\left(\sum_{i=1}^{m}\sum_{j=1}^{n}g_{i,j}\right)\left(\sum_{i=1}^{m}\sum_{j=1}^{n}g'_{i+r,j+c}\right)}{\sqrt{\left[\displaystyle\sum_{i=1}^{m}\sum_{j=1}^{n}g_{i,j}^{2}-\cfrac{1}{mn}\left(\sum_{i=1}^{m}\sum_{j=1}^{n}g_{i,j}\right)^{2}\right]\left[\sum_{i=1}^{m}\sum_{j=1}^{n}g'^{2}_{i+r,j+c}-\cfrac{1}{mn}\left(\sum_{i=1}^{m}\sum_{j=1}^{n}g'_{i+r,j+c}\right)^{2}\right]}} \tag{3-7}$$

帧间匹配主要步骤如下：

①在前帧 ROI 产品中按照一定间隔取 $a \times b$ 个格网点，并直接根据地理信息计算每个点的经纬度；

②根据每个点经纬度和后帧地理信息，逐点计算上述点在后帧中的像素坐标，并以该坐标为中心，外扩 $s \times s$ 个像素大小区域作为匹配搜索范围；

③使用 $m \times n(m, n < s)$ 作为相关系数统计窗口，逐点计算搜索范围内 $m \times n$ 窗口与前帧对应格网点周围 $m \times n$ 窗口的相关系数，取范围内最大值作为同名点，每个点需要计算 $(s-m+1) \times (s-n+1)$ 个相关系数，并从中选出最大值，单个相关系数计算方法如式(3-7)所示；

④由于相关系数匹配只能精确到整像素，需要进一步定位到亚像素，从算法执行效率考虑，本章采用抛物面拟合相关函数曲面，即根据相关系数最大点的相邻点值，求解亚像素偏移，计算方法如下

$$\begin{cases} \mathrm{d}x=\cfrac{1}{2}\cfrac{\rho(c,r-1)-\rho(c,r+1)}{\rho(c,r-1)+\rho(c,r+1)-2\rho(c,r)} \\ \mathrm{d}y=\cfrac{1}{2}\cfrac{\rho(c-1,r)-\rho(c+1,r)}{\rho(c-1,r)+\rho(c+1,r)-2\rho(c,r)} \end{cases} \tag{3-8}$$

要完成整个 ROI 区域的匹配，共需要计算 $a \times b \times (s-m+1) \times (s-n+1)$ 个相关系数，每个相关系数的计算需要 $m \times n$ 次循环，计算量较大。为尽可能提高算法时效性，采用 CPU/GPU 协作的方式实现高效运算。由 GPU 执行相关系数层面的并行处理，由 CPU 执行格网级并行处理。并行改造后，$a \times b \times (s-m+1) \times (s-n+1)$ 个相关系数可同时提交到 GPU 核心并发执行，时间复杂度降为 $O(c)$，而 GPU 线程计算的时间复杂度仅为 $O(n^2)$，匹配算法总时间复杂度降为 $O(n^2)$。

此外，虽然经过几何校正后的 ROI 产品帧间差异不大，但这种差异逐帧累积到一定程度则可能导致帧间失配。因此，如图 3-15 所示，为解决偏移累积问题，每帧配准后，需要将本次平移量和亚像素残差作为参数传递给下一帧，作为下一次匹配的初始偏移量，以保证逐帧匹配的稳定性。

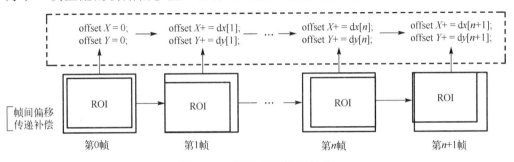

图 3-15　帧间偏移传递补偿

3.4.2　稳像算法并行流水线构建

从算法处理流程上看，为了得到配准的序列 ROI 影像，每帧原始图像需要依次经过相对辐射校正、灰度拉伸、ROI 提取与校正、ROI 帧间匹配、图像平移等处理。其中，相对辐射校正、灰度拉伸操作必须按照先后顺序执行，且需要逐像素处理；ROI 提取与校正、ROI 帧间匹配、图像平移也需要大量像素操作。星载计算平台本身计算、存储能力不足，要满足实时处理需求具有很大的难度，因此本章通过构建算法并行流水线以提高处理效率。

设 t_i 为第 i 步算法的执行耗时（共 n 步），则处理一帧总耗时为 $\sum_{i=1}^{n} t_i$，处理 m 帧总耗时为 $m \times \sum_{i=1}^{n} t_i$。为了尽可能缩短整体执行时间，本章构建算法并行流水线，策略如下：

①将整体处理流程划分为 n 个处理步骤;

②启动 n 个独立线程,第 i 个线程负责完成 m 帧数据的第 i 步处理;

③线程之间通过循环队列缓存数据并进行同步,线程启动后监视输入缓存,当输入缓存中有新数据时,取出进行处理,处理完毕后,将处理结果放入输出缓存,传递给下一步算法;

④各步算法线程处理完毕写缓存前,判断输出缓存是否存在可用空间,若缓存满则等待直至下一步算法线程取走一帧数据;

⑤n 个线程并发执行,对持续输入的数据进行连续处理。

经分析可知,经过流水线并行化后,处理总耗时缩短为

$$\sum_{i=1}^{n} t_i + (m-1) \times t_{\max} \tag{3-9}$$

式中

$$t_{\max} = \mathrm{Max}(t_1, t_2, \cdots, t_n) \tag{3-10}$$

由以上分析可知,耗时为 $t_{\max}$ 的算法线程的执行效率决定了并行流水线整体执行效率;且理论上算法步骤划分得越细,流水线获得的性能提升也越大,当帧数 m 较大时,能够获得明显的性能提升。然而在实际构建并行流水线时,需要综合考虑如下因素。

①划分得越细的流水线越容易受到随机因素的干扰而造成某些环节的延迟,严重时会导致流水线的整体延迟甚至崩溃;

②并发流水线环节越多,操作系统在任务调度、资源分配上的开销越大,反而降低系统效率;

③需要非常仔细地对并发线程间的缓存大小进行设置,以避免占用过多的内存空间或缓存太少不足以应对处理耗时的随机波动;

④每增加一级流水线,就需要相应地分配一份专用数据缓存和临时存储空间;

⑤每增加一级流水线,就需要启动独立的并发线程,挤占有限的系统资源,特别是本节的校正与匹配步骤均使用了星上计算单元/并行处理单元协同并行算法,不仅存在计算单元核心使用上的竞争,也存在并行处理单元核心使用上的竞争,这种竞争一方面提高了系统资源的使用率,另一方面也增加了流水线各环节发生延迟的概率。

卫星平台普遍搭载了低功耗嵌入式并行处理单元以及多核心星上计算单元,考虑到并发的数据接收、数据发送、主流程维护以及操作系统进程等基础

功能的正常运行，并发的算法线程数目应控制在 2～4 为宜。经综合比较试验并权衡后，建立了如下四级算法并行流水线。

第一级：相机与平台数据监听线程，负责接收相机输入的全部成像数据，并将其存入缓存，在并发执行过程中，保证以固定频率接入数据，以及每帧相机原始的数据完整性；

第二级：区域提取线程，负责从相机帧缓存中调取影像数据和辅助数据，并完成实时几何定位、相对辐射校正、灰度拉伸、ROI 提取与校正处理，生成 2 级 ROI 产品，并存入 ROI 队列缓存；

第三级：帧间配准线程，负责从 ROI 队列缓存中依次提取校正后的 ROI 产品，并完成实时 ROI 帧间匹配与图像平移处理，将调整后的 ROI 帧存入已配准队列缓存；

第四级：帧传输线程，负责从已配准队列缓存中依次提取配准后的 ROI 帧，调用数据下传接口下传数据。

建立并行流水线后的实时稳像算法流程如图 3-16 所示，其中相机与平台数据监听线程、帧传输线程主要受制于数据传输通道带宽，计算负载较小，无须重点讨论。要使算法并行流水线的性能满足实时稳像需求，关键在于平衡区域提取线程、帧间配准线程间的耗时与资源使用。

对于区域提取线程而言，在对图像帧进行实时几何定位后，可以仅提取 ROI 区域数据进行处理，从而显著减少计算量。同理相对辐射校正、Bayer 转 RGB、灰度拉伸操作均可以只对兴趣区数据进行处理，实测在星上计算单元和并行处理单元协作并行校正算法的基础上，在星上并行处理单元并行执行重采样前，由星上并行处理单元并行执行以上像素处理，可以减少内存级数据拷贝与访问次数，效率最高。此外，分块处理时的块大小设置也对算法的执行效率有明显的影响，可作为算法的可调参数。

对于帧间配准线程而言，影响其性能的主要因素包括匹配点数量 $a \times b$、搜索窗口尺寸 $s \times s$、相关系数计算窗口尺寸 $m \times n$ 等。在星上计算单元和并行处理单元协作并行匹配算法中，单个星上并行处理单元线程的并行粒度为一组相关系数的计算（$m \times n$ 像素），而同时提交到星上并行处理单元的线程数为匹配点数与搜索窗口卷积次数的积（$a \times b \times (s-m+1) \times (s-n+1)$），当同时提交到星上并行处理单元的计算任务过多时，会挤占上一级区域提取线程使用的资源，造成流水线整体延迟。因此 a、b、s、m、n 也可作为算法的可调参数进行精细调节。

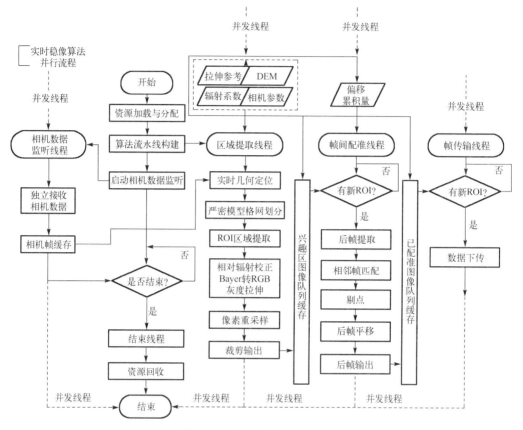

图 3-16　实时稳像算法流程

3.5　全色与多光谱影像在轨实时融合

全色影像和多光谱影像逐渐成为了高分辨光学遥感卫星的标配,为了获得同时具备高空间分辨率与高时间分辨率的合成影像,需要进行融合处理以更有效地利用空间与光谱信息。考虑到星上在轨处理性能、存储均受限的环境与高时效性的要求,针对性地提出一种智能遥感卫星在轨全色多光谱近实时融合方法,通过重点目标区域的地理纠正配准以及 CPU/GPU 协同的在轨影像融合实现星上在轨近实时融合,为后续遥感卫星"分钟级"高性能快速处理提供基础数据。

全色与多光谱影像在轨实时融合指利用同一区域两幅具有不同空间、光谱信息的全色和多光谱遥感影像进行融合,获得同时具备高空间分辨率与高光谱分辨率的遥感影像,以缓解空间分辨率与光谱分辨率相互制约的矛盾,为后续应用提供基础数据与技术支撑。然而遥感影像融合处理中,首先需对全色多光谱影像进行几何配准,然后进行光谱分解,最终才能进行像素级融合。算法处理流程长、步骤多、难以固化、输入输出及临时数据量大,这些特点决定了基于星上受限条件实现实时融合处理难度很大。

为了实现受限环境下的在轨实时融合,如图 3-17 所示,提出了全色多光谱影像在轨实时融合方法。该方法主要可以分为两步。

①载荷原始数据流入与定位。传统地面处理中分别生产全色与多光谱影像后再融合会额外增加处理耗时,难以满足星上实时处理需求。在轨实时融合方法将直接从载荷原始数据流中提取全色及对应的多光谱数据流,并进行相应的预处理,最终实现多谱合一,为后续融合处理提供基础数据。

②星上在轨实时融合处理。在得到多谱合一数据流之后,采用基于自适应平滑滤波的高分影像光谱分解融合方法对其进行融合处理,已生成同时具备高空间分辨率高光谱分辨率的融合影像,且最大程度地保留空间与光谱信息。

除此之外,为了充分利用星载硬件进行并行处理:首先计算目标区域传感器校正后的多源影像重叠范围,并划分为小块;然后在内存中进行每一小块数据的融合处理,包括对高分辨率数据的高斯滤波、系数调制,对低分辨率数据的升采样以及像素融合;将各小块融合结果进行归并,并完成系统几何校正。改进后的算法一方面更好地利用了融合处理的可并行性,可通过灵活设置格网大小和并行格网数对算法进行适配调节,同时可避免临时数据过大导致的内存溢出;另一方面省略了原有算法各步骤间的 I/O 操作,可显著加快整体处理时间。

3.5.1　星上全色多光谱数据流式提取与配准

参见 3.3 节,在流式约束的基础上实现全色与多光谱数据的快速定位与提取,分别从星上接口中定位并提取相应区域的全色与多光谱数据,为后续融合提供基础。

由于全色和多光谱影像空间分辨率尺度差异,首先需要以重叠区的全色影像为基准,对多光谱影像进行虚拟化重采样成同样的大小,原始影像和虚拟影像坐标映射流程如图 3-18 所示。

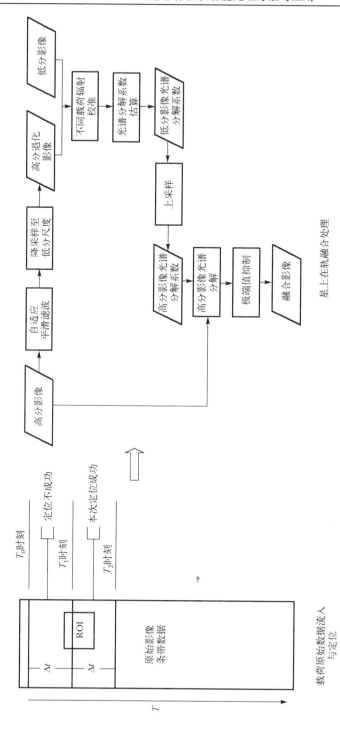

图 3-17 全色多光谱影像在轨实时融合方法整体流程图

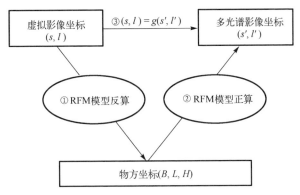

图 3-18　全色多光谱坐标映射流程图

具体步骤如下：

①以全色影像坐标为基准，将虚拟影像划分为均匀的规则格网，并且计算每个格网的四个角点的像方坐标；

②将虚拟影像的每个格网的像方坐标 (s,l) 通过全色影像的 RFM 模型反算物方坐标 (B,L,H)；

③将虚拟影像格网点的物方坐标 (B,L,H) 通过多光谱影像的 RFM 模型正算多光谱的像方坐标 (s',l')；

④通过每个格网的四个角点构建虚拟影像坐标与多光谱影像坐标的变换模型，该变换模型 $g(s',l')$，可以是线性变换、仿射变换或透视变换，最少选取四组虚拟控制点即可按照最小二乘算法解算出模型系数。

⑤前面所述的步骤已经完成了原始影像与虚拟影像坐标的映射工作，后续将要进行像素的重采样工作，值得一提的是，像素重采样是天然并行的工作，为了提高效率，加快处理速度，将像素重采样的过程映射到 GPU 进行处理，将每一个 CUDA 线程设置为仅对一个像素进行计算。具体来说，将虚拟影像上的每个点坐标 (s,l) 通过变换模型 $g(s',l')$ 计算得到多光谱上的像素坐标 (s',l')，并且进行最近邻近、双线性或双三次重采样，每次同时处理的像素数即可由不同的 GPU 的性能所决定。

为了更好地与全色影像计算同名点，需要进一步将多光谱的虚拟影像转换成与全色特性更为接近的单一虚拟全色波段，公式如下

$$\text{Mss}_p = a_1 \times \text{Band}_B + a_2 \times \text{Band}_G + a_3 \times \text{Band}_R + a_4 \times \text{Band}_{\text{NIR}} \qquad (3\text{-}11)$$

式中，Mss_p 为转换后的与全色更接近的单一波段，a_1、a_2、a_3、a_4 分别为波段 B、G、R、NIR 对应的波段范围比例，该比例可由遥感卫星的设计参数查阅得到，

$Band_B$、$Band_G$、$Band_R$、$Band_{NIR}$ 分别代表多光谱虚拟影像中的蓝光波段、绿光波段、红光波段以及近红外波段。

得到了全色波段与虚拟全色波段之后，即可提取全色波段与虚拟全色波段的同名点，为后续的多光谱虚拟影像微分纠正提供基础。其中，提取同名点的算法采用相关系数法，以相关系数作为影像匹配的匹配测度，在搜索匹配目标中选取相关系数最大的点作为同名点。相关系数是标准化的协方差函数，可以克服灰度的线性变形，保持相关系数的不变性，是影像匹配中最常使用的匹配测度。

对于 M 波段影像上的某一点，以其为中心，建立 $m \times n$ 的匹配窗口，并在 N 波段同名点初值点上建立同样大小和形状的匹配窗口，计算相关系数，公式如下

$$(c,r) = \frac{\sum\limits_{i=1}^{m}\sum\limits_{j=1}^{n} g_{i,j} g_{i+r,j+c} - \dfrac{1}{mn}\sum\limits_{i=1}^{m}\sum\limits_{j=1}^{n} g_{i,j} \sum\limits_{i=1}^{m}\sum\limits_{j=1}^{n} g_{i+r,j+c}}{\sqrt{\left[\sum\limits_{i=1}^{m}\sum\limits_{j=1}^{n} g_{i,j}^2 - \dfrac{1}{mn}\sum\limits_{i=1}^{m}\sum\limits_{j=1}^{n} g_{i,j}^2\right]\left[\sum\limits_{i=1}^{m}\sum\limits_{j=1}^{n} g_{i+r,j+c}^2 - \dfrac{1}{mn}\sum\limits_{i=1}^{m}\sum\limits_{j=1}^{n} g_{i+r,j+c}^2\right]}} \tag{3-12}$$

式中，m、n 表示匹配窗口的行列大小，i、j 表示匹配窗口内的行号和列号，$g_{i,j}$、$g_{i+r,j+c}$ 分别表示 M、N 波段影像匹配窗口内的灰度值，c、r 是 N 波段影像对于 M 波段影像在行、列上的坐标差。对于已经进行了配准处理的多光谱影像，取 $c = r = 0$；对于未进行波段配准的影像，c、r 的大小则根据相机设计值来确定。

在全色波段上通过设定格网点确定控制点，依次匹配获取每个格网点与虚拟全色上的同名点。每个格网点的相关系数计算可以并行进行，因此将格网点匹配的功能映射到 GPU 上进行，GPU 上的每个线程块对应一个格网点，线程块中的每个线程对应一组相关系数的计算，每个线程块计算完毕之后获取相关系数最大的点，并且通过抛物线法拟合得到亚像素值。

获取同名格网点之后，通过 GPU 对多光谱影像进行数字微分纠正，得到了各个格网点对应的同名点之后，即可对多光谱的虚拟影像进行微分纠正，每个格网由四组同名点组成，每个格网的变换模式即可由以下的变换模型 $f(x', y')$ 构成

$$\begin{cases} x = a_1 + a_2 \times x' + a_3 \times y' + a_4 \times x' \times y' \\ y = b_1 + b_2 \times x' + b_3 \times y' + b_4 \times x' \times y' \end{cases} \tag{3-13}$$

式中，(x, y) 为微分纠正前的像方坐标，(x', y') 为微分纠正后的像方坐标，

$(a_n,b_n)(n=1,2,3,4)$ 分别为两组变换系数的八个未知数，这八个未知数可以通过四组同名点联立八个方程解算出来。

分别解算每个格网的变换系数，即可对虚拟影像进行微分纠正。将微分纠正的过程映射到 GPU 进行处理，将每一个 CUDA 线程设置为仅对一个像素进行计算。具体来说，将虚拟影像上的每个点坐标 (x,y) 通过变换模型 $f(x',y')$ 计算得到多光谱上的像素坐标 (x',y')，并且进行最近邻近、双线性或双三次重采样，每次同时处理的效率与像素数即可由不同的 GPU 的性能所决定。

3.5.2　基于自适应平滑滤波的高分辨率影像融合

3.5.2.1　高分退化影像生成

为了准确地得到高分降采样影像，需要根据采样定理充分利用抗混叠技术对影像进行退化处理。本小节首先计算分辨率比值，而后根据分辨率比值，设计自适应滤波器进行预滤波，准确地得到高分降采样影像。

不同成像通道的影像在进行分景时一般很难完全重叠，并且在经过预处理步骤之后，影像之间的分辨率比值并不严格等于设计值。例如，高分四号在大侧摆俯仰下成像时，全色影像的分辨率比热红外的分辨率并不是设计的 8∶1。因此首先需要在配准的基础影像上，计算多模态影像的重叠区与比值，而后在此基础上进行后续计算。

多模态影像的重叠区计算首先将不同通道的影像范围从像方坐标投影到地理坐标，根据影像的地理信息存储方法，选用有理函数模型或仿射地理变换参数进行投影。这时可以计算出不同通道的影像在地理坐标上的重叠区 $\{(x_0,y_0),(x_1,y_1),\cdots,(x_n,y_n)\}$，此时相交的区域并不一定是一个矩形，需要计算重叠区内面积最大的内接矩形 $\{(x_0,y_0),(x_1,y_0),(x_0,y_1),(x_1,y_1)\}$，该内接矩形即为后续处理的重叠区域。

将地理坐标上的重叠区反向投影回各自的像方坐标系即可得到不同通道重叠的像素区域 $\{(x_0^1,y_0^1),(x_1^1,y_0^1),(x_0^1,y_1^1),(x_1^1,y_1^1)\}$ 与 $\{(x_0^2,y_0^2),(x_1^2,y_0^2),(x_0^2,y_1^2),(x_1^2,y_1^2)\}$。随后，即可计算得到参与融合的影像之间真实的分辨率比值

$$R_x = \frac{x_1^2 - x_0^2}{x_1^1 - x_0^1}$$

$$R_y = \frac{y_1^2 - y_0^2}{y_1^1 - y_0^1}$$

(3-14)

式中，比值 (R_x,R_y) 将应用于后续的自适应平滑滤波参数的计算。

从影像降采样退化中的抗混叠技术可知，降采样会降低采样率，造成频谱混叠，为了避免该情况，需要在降采样之前对影像进行预滤波，使降采样后的影像采样率等于奈奎斯特采样率。

虽然理想低通滤波器最符合抗混叠技术的需求，但是由于其存在振铃效应，实际中并不会取得良好的效果。高斯低通滤波器、巴特沃斯低通滤波器等非理想型滤波器能够很好地满足这个需求。在相同的截止频率，高斯低通滤波器的平滑程度低于巴特沃斯低通滤波器和理想低通滤波器，但是其不会出现振铃效应。巴特沃斯低通滤波器虽然平滑程度更高，但是额外的代价却是有可能出现振铃效应，且其受到更多参数的影响。因此，本章选用频率域高斯低通滤波器作为降采样之前的预滤波器。频率域高斯低通滤波器的表达式为

$$H(u,v) = e^{-D^2(u,v)/2D_0^2} \tag{3-15}$$

式中，$D(u,v)$ 是 (u,v) 到频率域中点的距离，D_0 为截止频率。

确定了滤波器之后，需要自适应确定截止频率，假设原影像中的采样率为 (μ_s, v_s)，影像的降采样因子为 (R_x, R_y)，可由计算影像之间重叠区时得到，则截止频率为 $\left(\dfrac{1}{2R_x}\mu_s, \dfrac{1}{2R_y}v_s \right)$。因此 D_0 可以表示为

$$D_0 = \sqrt{\left(\frac{1}{2R_x}\mu_s \right)^2 + \left(\frac{1}{2R_y}\mu_s \right)^2} \tag{3-16}$$

图 3-19 为降采样因子 $\left(R_x = 4, R_y = 4 \right)$ 时的高斯低通滤波器的示意图，该滤波器自适应确定的截止频率为

$$D_0 = \sqrt{\left(\frac{1}{8}\mu_s \right)^2 + \left(\frac{1}{8}v_s \right)^2} \tag{3-17}$$

通过选用频率域的高斯低通滤波器对超出截止频率的部分进行滤除，能够有效抑制降采样而导致的频谱混叠效应，为后续计算高分影像光谱分解系数提供分辨率与低分影像一致的降采样影像。

3.5.2.2 多模态影像辐射校准

理想状态下，设不同成像通道影像在地面光谱响应范围内为线性响应函数，设 C_{ij} 为第 (i, j) 个探元，则 C_{ij} 的光谱响应函数可以表示为

$$y_{ij} = k_{ij}x + b_{ij} + \varepsilon_{ij}(x) \tag{3-18}$$

式中，y_{ij} 是 C_{ij} 的探元响应，x 表示太阳光经地表反射后被该探元所接收的分量，k_{ij} 为探元的增益，b_{ij} 为其偏置值，ε_{ij} 为高斯噪声。当信噪比较高时，噪声 $\varepsilon_{ij}(x)$ 的影响可以忽略，因此式(3-18)可以表示为

$$y_{ij} = k_{ij}x + b_{ij} \tag{3-19}$$

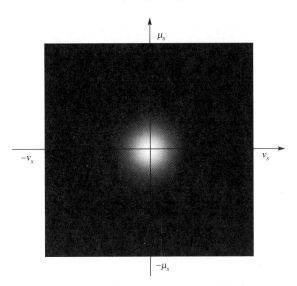

图 3-19　高斯低通滤波器示意图

由此可见，影像的灰度值主要受到探元响应 k_{ij}、b_{ij} 以及入射光强度 x 的影响。因此不同成像通道影像在观测时必然会存在辐射差异，对于同一区域而言，假设高分辨率的影像对地面光谱的响应与低分辨率的影像一致，则高低分辨率影像的辐射强度的均值和方差应近似相等。

多模态影像的辐射校准方法即基于此原理，以低分影像的均值与方差作为基线，将高分影像的均值与方差校准到该基线上，具体公式如下

$$y = (y_{\mathrm{H}} - \mu_{\mathrm{H}}) \times \frac{\sigma_{\mathrm{L}}}{\sigma_{\mathrm{H}}} + \mu_{\mathrm{L}} \tag{3-20}$$

式中，y 是经过辐射校准的高分辨率影像，y_{H} 是高分辨影像，μ_{H}、σ_{H} 分别是高分辨率影像的均值与方差，μ_{L}、σ_{L} 分别是低分辨率影像的均值与方差。

3.5.2.3　高分影像光谱分解融合

在得到退化的高分影像之后，在低分辨率影像的尺度上估算高分影像光谱的分解系数，而后将分解系数上采样至高分辨率影像尺度，再对高分影像光谱

进行分解，得到融合影像。

　　经过多模态影像辐射校准与高分影像的降采样退化，理想情况下，此时低分影像中的高频分量应该与高分降采样影像中的高频分量一致，即此时两者之间的细节特征应该一致，但是影像之间仍然会存在差异，该差异主要是由影像中的低频部分引起，低频部分可以认为是表征影像的光谱信息，因此此时可以估算低分影像光谱分解系数 ρ_L 为

$$\rho_L = \frac{f_L}{\widetilde{f_H}} \tag{3-21}$$

式中，f_L 表示低分影像，$\widetilde{f_H}$ 表示预滤波并降采样的高分影像。

　　根据多分辨率分析与滤波理论，在不同的分辨率下，影像的差别主要在高频空间信息方面，低频光谱信息是基本一致的。那么可以认为同等分辨率下影像的高频信息一致，即在高分尺度上，高分影像与融合影像的高频信息一致，在低分尺度上，高分降采样影像与低分影像高频信息一致。它们之间的差别主要是低频光谱信息。而不同分辨率下的低频光谱信息基本一致。因此，在全色尺度上的光谱分解系数可通过低分尺度上的光谱分解系数 ρ_L 推算而来，可以表示为

$$\rho = g(\rho_L) \tag{3-22}$$

式中，ρ 为在高分尺度上的光谱分解系数，$g(\cdot)$ 表示高分尺度的光谱分解系数与低分尺度的光谱分解系数的关系，高分尺度的分解系数可以由低分尺度的分解系数上采样而来。此时理想高分辨率融合影像可以表示为

$$f_F = P(f_H) = f_H \times \rho = f_H \cdot \left(\frac{f_L}{\widetilde{f_H}} \uparrow \right) \tag{3-23}$$

式中，f_F 表示融合影像，$P(\cdot)$ 表示光谱分解函数，f_H 表示高分影像，$\uparrow$ 表示将分解系数上采样至高分尺度。

3.6　本　章　小　结

　　本章对任务驱动的在轨兴趣区产品预处理的难点、原理、方法进行了全面、系统的介绍，针对任务驱动的兴趣区域实时定位和处理需求，设计了星地协同遥感影像在轨处理框架，提出了面向兴趣区的快速提取与校正处理流程，详细介绍了兴趣区传感器校正方法，并结合嵌入式平台特点从 CPU/GPU 协同处理、核函数效率提升和存储体系访问优化等方面进行了高效算法映射处理。对于卫星视频成像，提出了基于流水线并行处理的在轨实时稳像处理。最后，提出了

一种基于平滑滤波的高分影像光谱分解方法来实现全色和多光谱影像的在轨实时融合处理。

参 考 文 献

乔凯, 智喜洋, 王达伟, 等. 2021. 星上智能信息处理技术发展趋势分析与若干思考. 航天返回与遥感, 42(1): 21-27.

王密, 杨芳. 2019. 智能遥感卫星与遥感影像实时服务. 测绘学报, 48(12): 1586-1594.

王密, 田原, 程宇峰. 2017. 高分辨率光学遥感卫星在轨几何定标现状与展望. 武汉大学学报(信息科学版), 42(11): 1580-1588.

易盟. 2013. 基于特征点的图像配准及其在稳像中的应用. 西安: 西安电子科技大学.

张致齐. 2018. 任务驱动的高分辨率光学遥感影像星上实时处理关键技术研究. 武汉: 武汉大学.

周楠, 曹金山, 肖蕾, 等. 2023. 带有地理编码的光学视频卫星物方稳像方法. 武汉大学学报(信息科学版), 48(2): 308-315.

Lim A, Ramesh B, Yang Y, et al. 2019. Real-time optical flow-based video stabilization for unmanned aerial vehicles. Journal of Real-Time Image Processing, 16(6): 1975-1985.

Kim H S, Lee J H, Kim C K, et al. 2012. Zoom motion estimation using block-based fast local area scaling. IEEE Transactions on Circuits and Systems for Video Technology, 22(9): 1280-1291.

Wang M, Cheng Y, Chang X, et al. 2017. On-orbit geometric calibration and geometric quality assessment for the high-resolution geostationary optical satellite GaoFen4. ISPRS Journal of Photogrammetry and Remote Sensing, 125: 63-77.

Wang M, Cheng Y, Guo B, et al. 2019. Parameters determination and sensor correction method based on virtual CMOS with distortion for the GaoFen6 WFV camera. ISPRS Journal of Photogrammetry and Remote Sensing, 156: 51-62.

Zhang Z, Qu Z, Liu S, et al. 2022. Expandable on-board real-time edge computing architecture for Luojia3 intelligent remote sensing satellite. Remote Sensing, 14(15): 3596.

Zhang Z, Wei L, Xiang S, et al. 2023. Task-driven on-board realtime panchromatic multispectral fusion processing approach for high-resolution optical remote sensing satellite. IEEE Journal of Selected Topics in Applied Earth Observations and Remote Sensing, 16: 7636-7661.

第4章 高分辨率光学卫星遥感影像在轨信息提取与智能处理

随着科学技术的不断进步和应用领域的拓展，遥感技术作为一种非接触式的数据获取方式，在环境监测、资源管理、灾害评估等领域发挥着重要作用(李德仁和沈欣，2005)。在空间信息网络的环境下，遥感信息的实时智能处理与提取技术已成为一个国际前沿课题。然而，遥感影像中蕴含的海量数据给信息提取和处理带来了挑战。在遥感影像的获取过程中，面临着数据量大、信息复杂、噪声干扰等问题(王密和杨芳，2019)。信息提取涉及图像预处理、特征提取、分类与识别等多个环节，需要利用计算机视觉、模式识别和机器学习等交叉学科的理论和方法。智能处理则通过引入人工智能和机器学习技术，实现对遥感影像的自动化分析、解译和应用，提高数据的利用效率和处理精度。近年来，随着计算能力的提升和算法的发展，遥感影像在轨信息提取与智能处理取得了显著的进展。例如，基于深度学习的目标检测算法在目标提取和识别方面取得了突破性的成果；时序遥感影像的分析和变化检测能力得到了大幅提升。然而，遥感影像在轨信息提取与智能处理仍面临一些挑战和问题。例如，遥感数据海量有效信息难以提取，星上有限计算资源难以满足高复杂度神经网络模型的实时推理需求。面对海量的遥感影像数据，如何高效地存储、传输和处理也是一个亟须解决的问题(李德仁等，2022)。

4.1 高分辨率遥感数据在轨信息提取与智能处理框架

遥感卫星在轨处理面临地物目标类型多样、影像背景复杂、在轨处理资源受限的问题。为此，本书提出一种遥感影像在轨信息提取与智能处理框架，如图4-1所示，该框架主要分为两个部分。

①地面训练。利用预先收集与构建的样本数据进行离线阶段的训练。针对遥感影像样本不足的情况，首先利用大量的无标签样本数据进行预训练，将预训练得到的结果作为网络初始值，再利用带标注的目标样本数据以有监督方式

训练来提高网络的分类性能。为了进一步提高在轨信息提取的性能，可将在轨检测结果反馈到地面训练系统，利用在线学习方法修正深度卷积网络的模型参数，再将模型参数上传至在轨处理系统，利用该反馈更新机制使得在轨智能信息提取的精度不断提升。

②星上处理。星上主要利用地面训练得到的网络模型参数，更新轻量级深度卷积神经网络，实现在轨高效执行，完成对典型目标、场景的实时智能处理任务。同时，在轨信息实时智能提取，还包含预处理算法及参数上注更新、支撑完成在轨信息的实时智能提取的基础辅助信息上注更新等操作。

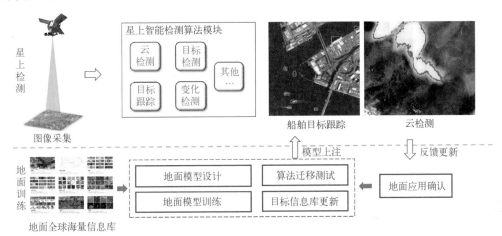

图 4-1 遥感影像在轨信息提取与智能处理框架

4.2 高分辨率遥感影像在轨云检测

随着对地观测卫星技术的发展，高分辨率遥感影像已经应用到城市规划、作物分类、灾害监测等领域。而根据国际卫星云气候计划（International Satellite Cloud Climatology Project，ISCCP）提供的全球云量数据，云覆盖了 66%以上的地球表面，在利用遥感手段获取的地球空间信息中云占有相当大的比例（Xiang et al.，2023）。光学遥感数据中大量云的存在，会影响遥感图像的质量，降低影像的数据利用率。

云检测的目的是对影像中云区域准确、快速高效地检测和提取，重点在于区分云与山脉、沙漠等高反射目标，以及水域、河流、城市场景中的某些平坦区域存在的似云目标。通过获得影像精确的云区域提取结果，为后续的 ROI 提取、多时相影像变化检测等提供精确的影像云覆盖情况信息。云检测算法类别较多，由于每一类算法原理不同，计算过程中需要消耗的计算资源、内存资源、存储资源也各不相同，在既能保证检测可靠性和效率的条件下，需要合理选择星上处理算法。面向在轨计算资源受限环境，云检测作为信息提取的一个预处理步骤，通常需要快速地完成该任务。而深度学习模型通常需要消耗大量的算力资源，且推理速度无法满足星上实时性的要求。为此，本书提出一种基于超像素聚类与阈值分割的云快速检测的方法，下面将具体介绍该方法。

4.2.1　在轨云区域快速检测算法

在星上复杂环境下，遥感影像云检测光谱阈值很难确定，且影像中雪、山脉、建筑物等类云地物都会影响云检测精度。本书利用基于对象光谱与纹理的高分辨率遥感影像云检测方法首先对影像进行直方图均衡化处理，根据均衡化影像直方图获得合适的云检测光谱阈值(王密等，2018)。其次用简单线性迭代聚类(Simple Linear Iterative Clustering，SLIC)算法(Achanta et al.，2012)对影像进行分割，生成超像素对象。根据云检测光谱阈值，以超像素对象为处理单元获得初始影像云检测结果(董志鹏等，2017)。然后求得影像旋转不变的局部二值模式(Local Binary Patterns，LBP)纹理图，根据超像素的LBP纹理均值与角二阶矩对初始影像云检测结果提纯，消除类云地物对云检测的影响。最后对提纯后的影像云区域进行区域增长及膨胀处理，获得最终的影像云检测结果。云检测流程图如图4-2所示。

1. 云区域粗提取

(1)确定自适应云检测光谱阈值。

云在可见光和近红外波段对于光线的反射率比大多数地物强，在影像上表现为云相对于地面目标有较高的灰度值。因此利用该特征，采用基于光谱特征的阈值判断可以有效地实现影像中的云与地面目标的分类。而合适的影像云检测光谱阈值多采用经验法得到，难以准确自动获得。高分辨率遥感影像云区域的云边界到云中心存在着薄云到厚云的过渡带区域的特征。通过求得云过渡带区域像素对应的光谱值，利用云过渡带区域像素光谱值求得云边界像素光谱值，将大于云边界像素光谱阈值的影像区域作为云区域，可以准确提取影像中的云区域。

实验数据采用蓝(0.45～0.52μm)、绿(0.52～0.59μm)、红(0.63～0.69μm)和近红外(0.77～0.89μm)四个波段的10bits多光谱遥感影像，影像的光谱值范

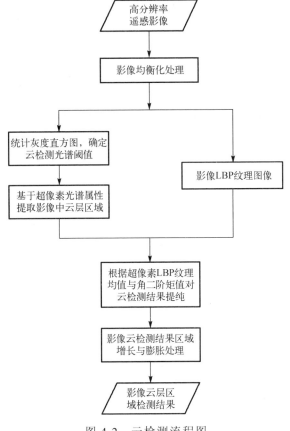

图 4-2　云检测流程图

围为 0～1023。选取影像的近红外、红和绿波段作为实验中图像处理的 R(Red)、G(Green)、B(Blue)波段，并将影像的光谱属性除以 4，从而将影像的光谱值范围压缩为 0～255，以便于后续计算处理。为此，将影像的 R、G、B 三个波段分别进行直方图均衡化处理。其目的是突出隐含有纹理细节的图像，由于地物包含较丰富的纹理信息，其细节清晰度比均衡化之前有较大提高。根据式(4-1)求得影像均衡化后灰度影像

$$Gray = 0.299 \times R + 0.587 \times G + 0.114 \times B \tag{4-1}$$

在图 4-3(a)中，无明显的获得云检测光谱阈值的变化规律。在图 4-3(b)中，当灰度为 219 时直方图剧烈下降，当灰度为 224 时直方图上升，灰度属于[219,224]的影像云掩膜结果如图 4-4(a)所示。图 4-4(b)为图 4-4(a)影像云掩膜结果与原始影像叠加示意图，在图 4-3(b)中，当灰度处于[219，224]时，对应的影像云掩膜结果处于影像云边界与云中心的过渡区域，实验结果表明通过捕获影

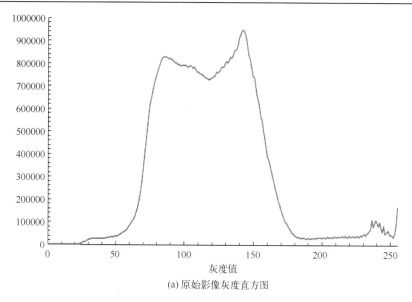

(a) 原始影像灰度直方图

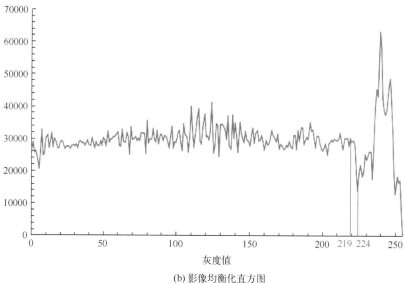

(b) 影像均衡化直方图

图 4-3　影像灰度直方图

像均衡化直方图中的突变点，可以准确获得云过渡带区域像素对应的光谱值。利用云过渡带区域像素光谱值求得云边界像素光谱值，将大于云边界像素光谱值的区域可判定为云，从而实现影像中云区域的提取。

（2）获取初始云检测结果。

由于高分辨率遥感影像中存在大量的噪声，基于像素的光谱阈值云检测会将光谱值高的噪声检测为云，而基于对象的高分辨率遥感影像处理方法可以有效地消除高亮度噪声对云检测的影响。相对于分水岭算法(王国权等，2009)、区域增长算法(胡正平等，2007)和基于图的图像分割算法(张建梅等，2011)等传统的影像分割算法生成的超像素，SLIC 算法生成的超像素具有更好的地物边界依附性、更加规则紧凑的形状，并且 SLIC 算法可以人为控制生成超像素的个数且具有更好的抗噪性。使用 SLIC 算法对影像进行分割生成超像素对象，以超像素对象为处理单元，利用求得超像素的灰度值，将灰度值大于等于云检测光谱阈值的超像素作为云，可以有效地消除高亮度噪声对影像云检测结果的影响，并获得初始的影像云检测结果。

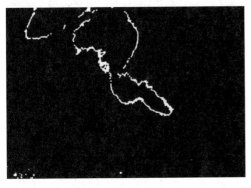

(a)云边界　　　　　　　　　　　　　(b)影像云掩膜叠加结果

图 4-4　实验结果

经实验统计分析，可以得到超像素包含的像素数为 m 时，影像的云检测效果最佳，则影像分割生成超像素个数为 N/m，其中 N 为影像中像素数。统计每个超像素包含的像素的光谱均值作为超像素的光谱属性值，则超像素的光谱属性为 $S_i(R_iG_iB_i)$，计算公式如下

$$R_i = \frac{1}{n_i}\sum_{k=1}^{n_i} R_k \tag{4-2}$$

$$G_i = \frac{1}{n_i}\sum_{k=1}^{n_i} G_k \tag{4-3}$$

$$B_i = \frac{1}{n_i}\sum_{k=1}^{n_i} B_k \tag{4-4}$$

式中，n_i 为第 i 个超像素包含的像素的个数，R_k、G_k、B_k 为第 i 个超像素中包含的第 k 个像素的 RGB 属性值。

2. 粗差别除

　　沙漠、山脉等地物在可见光、近红外波段具有较高的反射率，在高分辨率遥感影像上表现为具有较高的灰度值。如图 4-5(a)、(b)所示，基于对象光谱阈值的云检测方法会将光谱属性值高的沙漠、山脉等地物识别为云，因此需要消除沙漠、山脉等类云地物对云检测的影响。本书采用局部二值模式对图像进行纹理分析，求得图像的 LBP 纹理。为了使图像具有旋转不变性，通过旋转圆形邻域得到一系列的初始定义的 LBP，取其最小值作为旋转不变的 LBP 值。旋

(a)沙漠影像数据

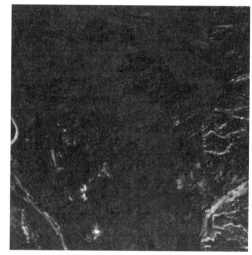

(b)沙漠影像 LBP 纹理图

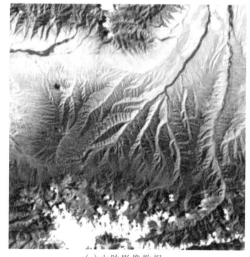

(c)山脉影像数据

(d)山脉影像 LBP 纹理图

图 4-5　影像直方图均衡化后的旋转不变 LBP 纹理图

转不变 LBP 具有良好的低维性和不变性,可以很好地用于图像分类。为此,本书根据旋转不变的 LBP 纹理特性,区分云区域和沙漠、山脉等类云地物。

图 4-5(a)、(c)为影像直方图均衡化后的旋转不变 LBP 纹理图,在图中沙漠、山脉与云在影像上均表现出具有较高的光谱属性。但在图 4-5(b)、(d)中沙漠、山脉等类云地物表现出灰度值较低,且灰度分布不均匀,纹理特征较细,而云通常具有较高的灰度值且灰度分布均匀及纹理较粗的特征。因此,可通过 LBP 纹理图中的灰度值大小与分布的均匀程度实现云与类云地物间的分类。

具体分类过程利用超像素作为处理单元,求得各超像素中包含像素的 LBP 值均值,用来描述超像素在 LBP 图像中灰度值的大小,如式(4-5)所示。角二阶矩能较好地反映图像灰度分布均匀程度和纹理粗细度,求得超像素包含像素 LBP 值的灰度共生矩阵的角二阶矩,用来描述超像素包含像素的 LBP 值分布的均匀性,如公式(4-6)所示。其中云的纹理较粗,角二阶矩较大;类云地物的纹理较细,角二阶矩较小。影像中所有超像素 LBP 值的均值如式(4-7)所示,所有超像素角二阶矩的均值如式(4-8)所示。通过大量试验得出根据超像素的 LBP 值与角二阶矩实现云与类云地物间分类的判断准则,在初始云检测结果中,当超像素的 LBP 值与角二阶矩同时满足式(4-9)时,该超像素为云,否则为非云地物,经过此判断消除初始云检测结果中的类云地物。

$$SLBP_i = \frac{1}{n_i}\sum_{k=1}^{n_i}LBP_k \tag{4-5}$$

$$SASM_i = \sum_l\sum_m[P(l,m)]^2 \tag{4-6}$$

$$AveLBP = \sum_{i=1}^{n}SLBP_i \tag{4-7}$$

$$AveASM = \sum_{i=1}^{n}SASM_i \tag{4-8}$$

$$\begin{cases} SLBP_i \geqslant AveLBP \times 2.12 \\ SASM_i \geqslant AveASM \times 0.57 \end{cases} \tag{4-9}$$

式中,$SLBP_i$ 为第 i 个超像素的 LBP 值,n_i 为第 i 个超像素包含的像素的个数,LBP_k 为第 i 个超像素中包含的第 k 个像素的 LBP 值,$SASM_i$ 为第 i 个超像素的角二阶矩,$P(l,m)$ 为第 i 个超像素中像素的 LBP 值归一化灰度共生矩阵中位置 (l, m) 处的值,$AveLBP$ 为所有超像素 LBP 值的均值,$AveASM$ 为所有超像素角二阶矩的均值,n 为影像中超像素的个数。

3. 云区域精检测

在影像旋转不变LBP纹理图像中,云区域边界像素的LBP值比中心像素低,云区域经过粗差剔除后,云区域薄云边界也被剔除,需要恢复云区域的薄云边界。以粗差剔除后云区域中包含的超像素为种子点进行区域增长,判断作为种子点的超像素的邻接超像素光谱属性值是否大于等于初始云检测光谱阈值,如果大于等于则将该邻接超像素加入云区域且作为云区域增长的种子点。循环区域增长过程,直到没有超像素加入云区域时停止,从而恢复云区域的薄云边界。

云区域增长结束后,云区域中存在少量间隙孔洞,对云区域进行膨胀处理,消除其中的孔洞。以云区域中的单个像素为种子点,判断其8邻域的像素是否均为云,将非云像素加入云区域并作为云区域膨胀处理的种子点。本书经过实验证明,循环膨胀处理5次可以有效地消除云区域中的间隙孔洞。经区域增长与膨胀处理后得到最终的云区域检测结果。

4.2.2 云检测效果评估

1. 评价指标定义

云检测结果评价是影像云检测研究中必不可少的一步,目前多采用目视判别与定量评价相结合的方式验证云检测结果的有效性。目视判别是一种最基本、常用的评价方法。通过目视判别可以直观观察云检测结果中的漏检、错检等情况,而且只有云检测结果和目视评价的效果相吻合时,定量评价指标才能使人信服。因此,在目视判别的基础上采用召回率 R(Recall)、虚警率 FA(False Alarm)、准确率 ACC(Accuracy)和F1score 指数对云检测方法进行定量评价。召回率的取值范围为[0,1],召回率越大,说明算法识别为云的像素占影像中真云像素的比例越高。虚警率的取值范围为[0,1],虚警率越小,说明在影像中算法识别为云的像素中非云像素的比例越低。准确率的取值范围为[0,1],准确率越大,说明算法的云识别能力越高;当准确率为1时,说明算法的云检测结果与实际云层分布完全一致。F1score 的取值范围为[0,1],F1score 的值越大,说明算法区分云与非云地物的能力越强。各指标的计算公式如下

$$Recall = \frac{TP}{TP + FN} \tag{4-10}$$

$$FA = \frac{FP}{TP + FP} \tag{4-11}$$

$$ACC = \frac{TP + TN}{N} \tag{4-12}$$

$$\text{F1score} = 2 \times \frac{\text{Precision} \times \text{Recall}}{\text{Precision} + \text{Recall}} \tag{4-13}$$

式中，TP 为算法识别为云的像素中真实云像素的个数，FN 为算法将影像中云像素识别为非云像素的个数，FP 为算法将影像中非云像素识别为云像素的个数，TN 为算法识别为非云像素中真实非云像素的个数，N 为影像中像素的个数。

2. 性能评估

为了进行对比，本书采用多光谱阈值云检测和树状结构云检测方法调整参数进行了相关实验，并采用目视判别的方法将云检测效果与本书方法进行定性与定量对比分析。

图 4-6 展示了资源三号 02 星标准景多光谱影像云检测目视结果，并与三种常用的云检测算法进行了对比，可以看到本书方法目视效果上对云区域提取得更好。

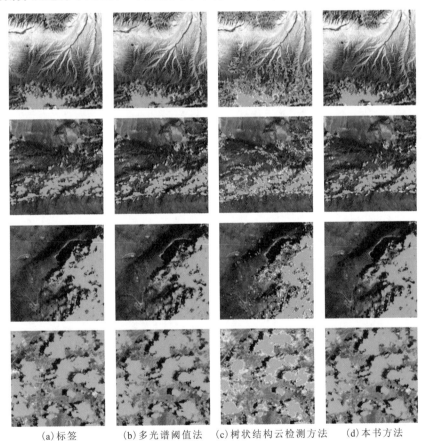

　　(a)标签　　　　　(b)多光谱阈值法　　(c)树状结构云检测方法　　(d)本书方法

图 4-6　云检测结果展示

表 4-1 展示了不同方法在四个样本示例上的云检测定量评价结果。综合对比，本书方法在召回率、虚警率和准确率三个指标上都表现出最佳的检测精度。

表 4-1　云检测测试结果

影像	多光谱阈值法			树状结构云检测方法			本书方法		
	召回率	虚警率	准确率	召回率	虚警率	准确率	召回率	虚警率	准确率
示例 1	0.7110	0.2893	0.9644	0.4742	0.8109	0.8424	0.8006	0.0168	0.9869
示例 2	0.4927	0.0223	0.9362	0.4087	0.6100	0.8487	0.6785	0.0253	0.9583
示例 3	0.8608	0.1158	0.9408	0.5399	0.2689	0.8453	0.8853	0.0856	0.9536
示例 4	0.8803	0.0599	0.9422	0.5209	0.2992	0.7696	0.9437	0.0087	0.9788
平均值	0.7362	0.1218	0.9459	0.4859	0.4973	0.8265	0.8270	0.0341	0.9694

进一步，表 4-2 展示了本书方法在时效性方面的情况，可以看到四个 2000 像素×2000 像素大小的样本检测时间平均值达到 64.75ms。在三种方法中，本书方法耗时最短，达到了近实时的检测效率。

表 4-2　云检测时效性实验结果

大小	时间/ms		
2000 像素×2000 像素	多光谱阈值法	树状结构云检测方法	本书方法
	81.23	79.56	64.75

4.3　高分辨率遥感影像智能在轨目标检测

在轨目标检测是在星上资源受限的条件下，利用智能检测算法对影像中的飞机、舰船等典型静/动态目标的实时智能检测，并将感兴趣目标的位置、类别、数量等信息传输到地面。在轨目标检测是在轨信息提取和智能处理的一个重要内容，是实现遥感信息实时智能服务的一个重要环节。通过在轨目标快速检测与识别技术可以实现对特定目标的精准分析与跟踪，对军事侦察、热点区域目标监视等具有重要意义。

星上计算平台通常算力资源有限，现有针对自然图像目标检测模型很难适应在轨环境。本书提供了一种基于网络剪枝的轻量化目标检测网络设计方法，同时介绍了一种星地协同的实时目标检测框架，为实现在轨目标检测提供了技术支撑。

4.3.1　在轨轻量化目标检测算法

近年来，深度神经网络在计算机视觉、语音识别等领域取得了巨大成功。

然而，面向在轨智能目标检测应用对深度神经网络的需求逐渐增多，深度神经网络模型的压缩、加速、优化变得更加重要。本书通过运用多种压缩手段，综合考虑遥感地物目标的特征、压缩性能和网络的可解释性，并在"网络设计-网络剪枝-参数量化"的统一框架指导下，动态地融合各种方法，形成一套快速稳定的适应星上的深度神经网络轻量化模型构建方法。该构建方法遵循如图 4-7 所示的方法框架。

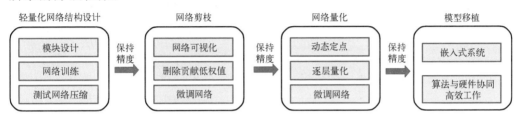

图 4-7　深度卷积神经网络模型压缩方法框架

1.　基于全局和网络解释性的模型剪枝

传统网络剪枝基本采取的剪枝原则是：剪枝小权重的连接(即所有权值连接低于一个阈值就从网络里移除)；然后训练剪枝后的网络，能够保持神经元的稀疏连接。这种方法只考虑权重响应大小，而忽略了权重对网络性能的影响，容易对检测性能造成影响，而且未考虑网络的可解释性。图 4-8 展示了一种基于全局和网络解释性的模型剪枝办法。

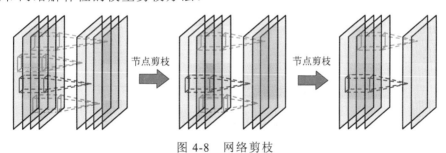

图 4-8　网络剪枝

本书采取全局评判一个节点对网络的影响，而不是采取节点的响应大小作为剪枝准则。以影像分类任务为例，网络中的每一个节点都会有一个全局得分，这个得分是根据去掉/保留此节点对最终分类性能的影响程度来确定的。影响程度越大，代表此节点越重要。统计出所有节点的得分后，按照倒序排列，将得分最低的 k 个节点剪掉，然后继续在训练集中微调网络。节点得分方程为

$$\text{score} = \text{Ap}(N) - \text{Ap}(N(-i, L)) \tag{4-14}$$

式中，$N(-i, L)$ 代表在网络 N 的第 L 层去掉 i 节点。网络可视化是理解剪枝过程非常有效的手段。将整个数据集送入网络中，然后将每个节点响应最大的影像组合聚类，会发现不同的节点响应的影像非常类似，换句话说，网络中存在一些冗余的节点，这些节点的作用类似，在网络剪枝过程中，本书的目的就是去除这些冗余的节点，保留重要的节点。

2. 动态定点并逐层参数量化

对于深度神经网络，模型量化的优化目标是：如何降低参数精度来最大化神经网络的加速率和压缩率，但是不降低预测精度。传统量化方法大都采取定点量化方法，这样就限制了网络压缩比，很难对低比特数据进行量化。如果采取动态定点操作会带来两个问题：一是定点位置的选取，如图 4-9 所示；二是如何缓解量化误差逐层累积。

①定点位置选取。深度卷积神经网络量化主要包含两部分：参数量化和输出量化。由于 CNN 包含卷积层较多，随着网络的加深，每层卷积输出值的幅值变化巨大。此外，不同的卷积层在网络训练中的分工不同，所以卷积核参数的大小也是不同的。如果采取定点参数量化，需要逐卷积层进行参数量化和输出量化。参数量化采取如下方式

$$y = Q(x) = \frac{1}{2^k - 1} \text{round}((2^k - 1)x) \tag{4-15}$$

式中，x 表示全精度的输入，y 表示量化后的输出，round 表示取整操作。

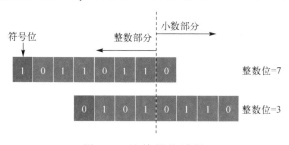

图 4-9　比特量化过程

②缓解量化误差逐层累积。经过上述量化过程后，由于低比特数值表示精度有限，会影响网络精度，而且随着网络前向传播，容易造成误差积累。为了防止性能下降，一般将量化后的网络继续在训练数据中微调。但是这种微调仅对网络做微小的改动，一旦量化网络精度下降过多，则很难在微调阶段有很大的改善。鉴于此，借鉴模型蒸馏，同时训练全精度和量化后的网络，如图 4-10 所示。

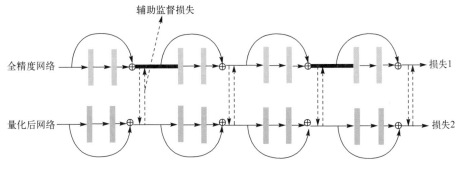

图 4-10　网络量化-模型蒸馏

最后，深度卷积神经网络的模型压缩实现，离不开在硬件平台上进行协同高效实现，这就需要根据星载智能处理平台的具体硬件设计，来进行针对性的优化设计与实现。

4.3.2　目标检测效果评估

1. 评价指标定义

对于类别预测正确的目标，计算预测目标窗口和人工标记窗口的交并比 IOU (Intersection-Over-Union)，若交并比大于 0.7，则表示准确检测出的目标，记为 TP (True Positive)，反之则记为 FP (False Positive)。若非目标区域预测为目标区域，记为 TN (True Negative)，若目标区域未被检测出来，记为 FN (False Negative)。

2. 性能评估

(1)定量评价。

表 4-3 展示了目标检测算法在轨测试的检测精度，在 WHU-RSONE 数据集 (Dong et al., 2022)上进行了验证，包括了飞机、油桶以及船舶等目标。可以看到，本书方法实现典型目标的平均召回率达到 0.95 以上，虚警率低于 0.05。

表 4-3　目标检测测试结果

方法	召回率	虚警率
Faster-RCNN	0.9612	0.679
YOLOV5	0.9712	0.453
YOLOV6	0.9807	0.386
本书方法	0.9823	0.181

表 4-4 展示了目标检测软件的检测时间。需要注意的是，目标检测需要在 GPU 环境下运行。相比于现有的目标检测模型，本书方法在推理效率上也得到了一定提升。

表 4-4　目标检测时效性测试结果

方法	时间/ms
Faster-RCNN	45.36
YOLOV5	35.27
YOLOV6	30.82
本书方法	15.41

（2）目视结果。

图 4-11～图 4-13 分别展示了目标检测软件针对不同场景实现的检测结果。可以看到本书方法对常规目标的检测达到了较好的检测效果，大部分目标均能检测出来，漏检较低。

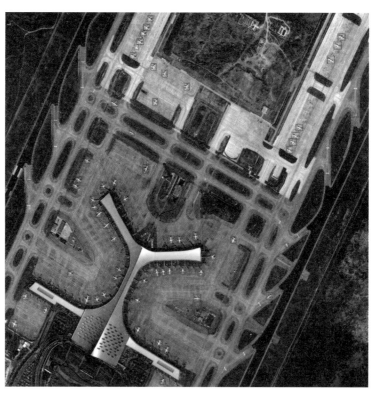

图 4-11　飞机目标检测结果展示

图 4-12　油桶目标检测结果展示

图 4-13　船舶目标检测结果展示

4.4　高分辨率遥感视频在轨运动目标实时检测跟踪

视频成像载荷是实现对全球范围的热点区域或目标(机场、港口等)进行持续观测的基础。对于重点关注的热点目标,视频卫星可按照访问周期设置合理的过境数据获取模式并定期观测,通过星载处理单元快速检测活动热点。实时处理结果经过传输链路实时下传并分发至移动终端,从而实现分钟级的实时动态信息获取(张钰慧等,2022)。

面向任务的视频影像在轨实时动态目标检测需求分析目的在于在星上计算资源、存储资源受限的条件下,为获取任务目标所需的影像数据和信息,对星上实时智能处理算法进行需求分析,避免不必要的处理环节,具体包括星上处理算法功能需求分析、不同算法对星上处理资源和计算资源的需求分析。下面以典型运动目标(飞机、船舶等)跟踪为例进行需求分析。

4.4.1　在轨运动目标实时检测跟踪算法

随着当前目标检测以及重识别技术的不断发展,多目标技术也在不断更新。多目标跟踪算法通常分为基于检测的多目标跟踪算法和基于无检测的多目标跟踪算法。基于检测的多目标跟踪算法首先使用目标检测器来检测视频序列中的所有目标。然后,算法将检测到的目标与前一帧的目标进行匹配,以估计目标的位置和状态。基于无检测的多目标跟踪算法不需要使用目标检测器的结果,而是直接从连续图像帧中提取目标的特征,并且使用这些特征来估计目标的位置和状态。本书所选取的多目标跟踪算法为基于检测的多目标跟踪算法。同时,考虑到计算资源以及时延的问题,对于跟踪算法的处理速度也有着更高的要求。因此,在常见的基于检测的多目标跟踪算法中,本书选取了基于卡尔曼滤波器的跟踪算法 SORT(Simple Online and Realtime Tracking)进行优化改进,进而能在保证算法运行速度的同时实现高效的跟踪效果。

现有的大多数基于卡尔曼滤波器进行运动估计的多目标跟踪算法中,运动模型假定在一小段时间内目标的运动是线性的,这就需要对目标进行连续观测。但是在卫星影像中,目标运动通常会被遮挡并且是非线性运动的,现有基于线性运动的多目标跟踪算法在轨运动目标的实时跟踪性能通常较差。因此需要针对遮挡以及非线性运动的情况进行重新设计。下面针对卡尔曼滤波器(Kalman Filter,KF)以及 SORT 算法的限制进行介绍。

1. 卡尔曼滤波器

KF 是时域离散动力系统的线性估计器。KF 仅需要前一个时间步的状态估计和当前测量来估计下一个时间步的目标状态。滤波器维护两个变量：后验状态估计 x 和后验估计协方差矩阵 P。假定状态转移模型为 F，观测模型为 H，过程噪声为 Q，观测噪声为 R。在每个步骤 t，给定观测值 z_t，KF 在预测和更新阶段交替工作如下所示

$$\text{predict} = \begin{cases} \hat{x}_{t|t-1} = F_t \hat{x}_{t-1|t-1} \\ \hat{P}_{t|t-1} = F_t \hat{P}_{t-1|t-1 F_t^{\mathrm{T}} + Q_t} \end{cases} \tag{4-16}$$

$$\text{update} = \begin{cases} K_t = P_{t|t-1} H_t^{\mathrm{T}} (H_t P_{t|t-1} H_t^{\mathrm{T}} + R_t)^{-1} \\ \hat{x}_{t|t} = \hat{x}_{t|t-1} + K_t (z_t - H_t \hat{x}_{t|t-1}) \\ \hat{P}_{t|t} = (I - K_t H_t) P_{t|t-1} \end{cases} \tag{4-17}$$

预测阶段是导出下一个时间步长 t 的状态估计。给定下一步 t 的目标状态测量，更新阶段旨在更新 KF 中的后验参数。由于测量观测模型 H，所以在很多场景下也称为"观测"。

2. SORT 多目标跟踪算法

SORT 是一个基于 KF 的多目标跟踪器。SORT 中 KF 的状态 x 定义为 $x = [u, v, s, r, \dot{u}, \dot{v}, \dot{s}]^{\mathrm{T}}$，其中，$(u, v)$ 是图像中对象中心的 2D 坐标，s 是边界框比例(面积)，r 是边界框长宽比。假设长宽比 r 是恒定的，其他三个变量 $\dot{u}$、$\dot{v}$ 和 $\dot{s}$ 是相应的时间导数。观察是一个边界框 $z = [u, v, w, h, c]^{\mathrm{T}}$，分别具有对象中心位置 (u, v)、对象宽度 w 和高度 h 以及检测置信度 c。SORT 假设线性运动作为转换模型 F，这导致状态估计如下所示

$$u_{t+1} = u_t + \dot{u}\Delta t, \quad v_{t+1} = v_t + \dot{v}\Delta t \tag{4-18}$$

为了利用 SORT 中的 KF 进行视觉上的多目标跟踪，预测阶段对应于估计下一个视频帧上的对象位置。用于更新阶段的观察通常来自目标检测模型。更新阶段是更新卡尔曼滤波器参数，并不直接修改跟踪的输出结果。当过渡过程中两个步骤之间的时间差恒定时(视频帧率恒定)，通常将 Δt 设置为 1，当视频帧率较高时，即使对象运动是全局非线性的，SORT 也能很好地工作，因为目标对象的运动可以在短时间间隔内很好地近似为线性。

然而，在遥感在轨多目标检测的应用中，有时会出现漏检(如被遮挡、运动模糊等)的情况，即在某一帧丢失了目标，在这种情况下，无法通过更新操作来

更新 KF 的参数，SORT 会直接使用先验的估计作为后验估计，如下所示

$$\hat{x}_{t|t} = \hat{x}_{t|t-1}, \quad \hat{P}_{t|t} = P_{t|t-1} \tag{4-19}$$

这种设计背后的理念是：当没有观察结果来监督估计时，就需要依赖先验估计。但是，在遥感视频中，因为卫星的运动以及拍摄分辨率的限制，很多时候会出现漏检以及非线性运动同时发生，这个机制会导致其对状态噪声十分敏感，进而会放大时域的误差。同时因其过于相信先验估计，SORT 能在不存在观察的情况下进行更新操作，这也就会导致估计中存在的噪声在隐式马尔可夫过程中累积，因而会在目标存在模糊（漏检）以及运动不完全线性的情况下遭受严重噪声的影响。

3. 改进策略

为了解决 SORT 存在的问题，本书引入了以观察（即目标检测器的检测结果）为中心的 SORT 多目标跟踪算法，使用目标进入关联阶段运动的动量并发展了一个噪声更少以及对遮挡和非线性运动鲁棒性更强的流水线。接下来将从以观测为中心的重更新以及动量两部分进行介绍。

(1) 以观测为中心的重更新。

即使一个对象在一段时间未跟踪后，也可以通过 SORT 再次关联。但由于时间误差放大，其 KF 参数已经偏离正确值，所以该对象很可能再次丢失。为了缓解这个问题，本书以观测为中心的重新更新来减少累积误差。一旦某个轨迹在一段时间未跟踪（"重新激活"）后再次与观测相关联，就会回溯其丢失的时期并重新更新 KF 参数。重新更新基于虚拟轨迹的"观察"，如图 4-14 所示。参考对未跟踪期间开始和结束步骤的观察来生成虚拟轨迹。例如，令未跟踪之前最后的观察表示为 z_{t_1}，触发重新关联的观察表示为 z_{t_2}，那么，虚拟轨迹表示为

$$\tilde{z}_t = \mathrm{Traj}_{\mathrm{virtual}}(z_{t_1}, z_{t_2}, t), \quad t_1 < t < t_2 \tag{4-20}$$

然后，沿着 $\tilde{z}_t$ 的轨迹，运行重更新以及预测的循环，其中，重更新操作如下

$$\mathrm{re\text{-}update} = \begin{cases} K_t = P_{t|t-1}H_t^{\mathrm{T}}(H_t P_{t|t-1}H_t^{\mathrm{T}} + R_t)^{-1} \\ \hat{x}_{t|t} = \hat{x}_{t|t-1} + K_t(\tilde{z}_t - H_t\hat{x}_{t|t-1}) \\ \hat{P}_{t|t} = (I - K_t H_t)P_{t|t-1} \end{cases} \tag{4-21}$$

由于对虚拟轨迹的观测与最后看到的和最新的真实观测的轨迹所锚定的运动模式相匹配，更新将不会再受到虚拟更新累积错误的影响，这样的操作充当

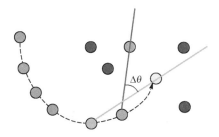

图 4-14　重更新对于运动方向差的计算(绿点表示现有的轨迹,红点表示需要关联的观测结果。蓝色和黄色连接线表示真实轨迹和估计轨迹的方向,夹角 $\Delta\theta$ 表示方向差)

预测-更新循环的独立阶段,只有在没有检测到目标的情况下重新激活轨迹时才会触发。

(2)以观测为中心的动量。

线性运动模型假设速度方向一致,但在现实中由于目标的非线性运动和噪声,这种假设是不存在的。在相对短的时间内,可以把运动近似于线性,但是噪声仍然会影响速度方向的一致性。本书在代价矩阵中添加了速度一致性(动量)项,以此来减少噪声影响。关联代价为

$$C(\hat{X},Z) = C_{\text{IOU}}(\hat{X},Z) + \lambda C_v(\hat{X},Z,V) \tag{4-22}$$

式中, $\hat{X}$ 、 Z 是估计目标状态和观测值, λ 是调制参数, V 是存在轨迹的方向, C_v 计算轨迹历史观测与新观测形成的方向和轨迹方向的一致性, C_{IOU} 计算估计目标状态和观测值之间的交并比。方向计算过程中采用与轨迹相关联的观测值来进行方向计算,这样可以避免估计状态下的误差累积,但仍存在两种观测值的选择问题。由于在较短时间间隔内,轨迹通常是近似线性的,所以时间差不宜过大,以避免线性逼近崩溃。

除了以上两项技术之外,本书同样使用了启发式的以观测为中心的恢复技术,在正常的关联阶段之后进行第二次尝试,将上次对不匹配轨迹的观察结果与不匹配的观察结果进行关联,进而可以处理物体在短时间内停止或被遮挡的情况。

4.4.2　运动目标跟踪效果评估

在地面设置模拟星上的半仿真环境,对算法的关键性能进行仿真验证。验证环境搭建如下:将 NVIDIA TX2 开发板作为对星上处理的模拟平台,模拟星上 15 帧/s 的采集帧率读入视频,并将动目标检测跟踪结果并入视频压缩码流。在验证环境的构建后,开展验证试验与评估分析,并根据验证结果对在轨智能

动目标检测跟踪算法进行迭代修改、优化，以及再次验证的工作。基于视频图像运动目标实时在轨跟踪处理算法评估从性能、效率和功耗三方面进行。

1. 评价指标定义

多目标跟踪评价指标 MOTA(Multiple Object Tracking Accuracy)是一种用于评估多目标跟踪系统性能的指标。MOTA 以一种全面的方式量化了多目标跟踪算法的精确性，包括检测、标识、丢失、错误标识和虚警等因素，计算公式如下

$$\text{MOTA} = 1 - \frac{\sum_t \text{FN}_t + \text{FP}_t + \text{IDSW}_t}{\sum_t \text{GT}_t} \tag{4-23}$$

式中，FN_t 表示第 t 帧中目标漏检的个数，FP_t 表示第 t 帧中目标误检的个数，IDSW_t 表示第 t 帧中目标 ID 发生切换的次数，GT_t 表示第 t 帧中真值的个数。

MOTA 值为 0～1，通常以百分比表示。较高的 MOTA 值表示多目标跟踪系统的性能更好，因为它考虑了目标检测的精确性、目标标识的正确性以及避免错误标识和虚警的能力。一个完美的多目标跟踪系统的 MOTA 值为 1，因为它不会出现任何漏检、误检或虚警。

2. 性能评估

采用 AIR-MOT 数据集(He et al.，2022)作为实验数据，该数据集收集了吉林一号卫星拍摄的多个视频。数据集相关信息如表 4-5 所示。

表 4-5　AIR-MOT 数据集相关信息

属性	AIR-MOT
目标	飞机、船
数据源	吉林一号卫星
传感器	MSS
空间分辨率	0.91～1.27m
拍摄时间	2017 年 10 月、2020 年 10 月
视频数量	149
实例数量	5736
时间戳	70～326
帧率	5～10 帧/s
视频大小	1920 像素×1080 像素
地点	阿布扎比、北京、迪拜、洛杉矶、三亚、圣地亚哥、上海、悉尼、横滨

进一步，与当前常用的多目标跟踪方法比较，表 4-6 展示了 MOTA、模型推理效率(帧/s)以及预测正确的目标和预测错误的目标情况。

表 4-6　性能指标

方法	帧率/帧/s	MOTA/%	误检目标	漏检目标
ByteTrack(Zhang et al.，2022)	23	53.3	4387	23784
SORT(Du et al.，2023)	20	52.5	4235	25734
本书方法	20	63.1	4539	21888

图 4-15 和图 4-16 分别展示了目标跟踪软件对于正在运动的飞机逐 10 帧的跟踪结果。可以看到，本书方法对于常规运动目标的跟踪达到了较好的跟踪结果，没有出现预测目标错乱以及丢失的情况。

图 4-15　初始帧检测结果

图 4-16　第 10 帧运动飞机的跟踪与重识别结果

4.5 高分辨率遥感影像在轨实时变化检测

基于多时相遥感影像的变化检测是快速提取目标信息的有效手段，在民用和军用领域都发挥着重要的作用，如智慧城市、地表沉降监测、防灾减灾、地震预警、战场态势及毁伤评估等。目前在轨变化检测还面临着诸多挑战：①卫星载荷存储空间有限、传输带宽有限，要对最有价值的数据优先传输，地表发生变化的区域影像比未变化区域有价值，在轨变化检测可以确定数据传输优先级；②在测绘领域，卫星影像高级产品制作周期较长，要求严格，当发现了重要变化才会利用新数据进行高级产品生产，可以有效节省高级产品制作的各项成本；③智能遥感卫星要能实现主动观测和自主响应，对全球敏感区域和目标做周期性自动监测，变化检测是体现卫星智能的关键；④灾害应急情况下，为节约带宽和地面处理压力，对敏感区域和热点区域能够进行持续观测和按需下传产品，在轨智能变化检测是核心步骤。

在轨实时变化检测的难点在于星上有限计算资源条件下的快速准确变化信息获取与分析。由于在轨处理资源限制以及应用实时性的需求，如何快速准确检测感兴趣场景的变化信息一直是研究难点之一。本书针对星上变化检测提出了一种基于稀疏计算的多时相变化检测算法，设计了一种星地协同的多时相遥感影像变化检测框架。

4.5.1 在轨多时相影像变化检测算法

对于在轨变化检测，其计算资源有限，且对于时效性要求较高，待处理的遥感影像尺寸较大。从算法的角度，多时相影像变化检测方法在保证强大的检测能力外，需要突破星上硬件的限制。同时因为检测场景、检测任务的不同，具体的预处理检测流程呈现一定的差异性。本小节主要以热点区域的岛礁和港口的变化检测为例，如图 4-17 所示。

1. 影像预处理和基于深度神经网络的海陆分离算法

光学遥感影像利用搭载在遥感平台的传感器感知目标物的特性来获取，不可避免地引入一些噪声，预处理过程可以在一定程度上消除在成像过程中由平台、天气等因素等带来的噪声。影像质量的好坏直接影响着后续变化检测的精度。海陆分离的设计也是极为必要的。对于岛礁和港口的变化检测提取，海洋的部分不包含变化的相关信息，对无用信息进行提前筛选，能大幅度降低变化检测所需的运算量。

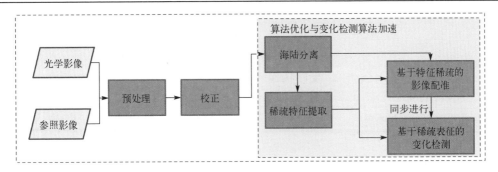

图 4-17　基于稀疏计算的多时相影像变化检测

①影像预处理。预处理过程主要是抑制遥感影像中的噪声干扰，遥感影像中包含的噪声主要是高斯噪声和椒盐噪声，维纳滤波器根据影像的局部方差自适应地调整滤波器的输出，局部方差越大，平滑作用越强，是一种经典的线性降噪滤波器，主要用于去除高斯噪声。而中值滤波器是一种优秀的非线性平滑滤波器，在滤除噪声的同时最大限度地保留了影像细节信息。

由于遥感影像成像环境复杂，高斯噪声和椒盐噪声在遥感影像中广泛存在。所以本章采用维纳滤波器滤除高斯噪声，采用中值滤波器滤除椒盐噪声，同时还可以去除推扫成像产生的条纹等。由于中值滤波器是一种优良的非线性滤波器，所以，在去除噪声的同时几乎不损失影像的细节信息。

②海陆分离。海陆分离就是将影像中的陆地区域或海洋区域进行遮蔽或移除，使得后续工作仅作用于海洋区域或陆地区域。对于热点区域环境变化检测而言，关注的是陆地区域，由于海洋区域一般不会出现基础设施建设。基于在轨运行的特点，设计海陆分离算法，去除影像的海洋部分，降低后续计算量。

对于预处理后的数据，采用影像的二维局部熵值作为海陆分离的主要判据，影像熵反映灰度分布的不均匀性，即地物的平滑度，海水在影像中对应变化缓慢的区域，其熵值较低。而对于陆地变化剧烈的区域对应的熵值较高，影像二维局部熵的计算公式为

$$H = \sum_{i}^{255} p_{ij} \ln \frac{1}{p_{ij}} \qquad (4\text{-}24)$$

$$p_{ij} = \frac{f(i, j)}{m \times n} \qquad (4\text{-}25)$$

式中，i 表示像素的灰度值，j 表示邻域灰度均值，$f(i, j)$ 为特征二元组，表示 (i, j) 对应的像素值出现的频数，m、n 为像素点邻域尺寸，p_{ij} 为特征二元组，表示 (i, j) 对应的像素值在局部区域内的概率。

2. 基于线性/非线性稀疏模型的稀疏特征提取

海陆分离后变化信息的提取集中在陆地区域。针对变化场景中存在的大量冗余信息，首先采用线性/非线性稀疏编码模型对分离后的陆地区域提取稀疏特征，学习代表变化/非变化区域的字典或非线性网络模型，作为影像配准和变化检测算法中使用的特征。

①线性稀疏字典学习。稀疏字典学习是最简单高效的稀疏表征模型，可以挖掘出变化/非变化区域的本质信息。然而，由于空间信息网络所处环境的特殊性，在数据采集时受到更多的噪声等污染，在技术验证时需要综合考虑特征编码算法的鲁棒性、编码成本、算法停止准则等问题。验证步骤划分为：训练样例集的构造、离线编码算法实现、在线编码算法实现。首先，在训练样例集的构造中需要考虑不同卫星、不同分辨率、不同场景、不同地物内容，以及不同尺度的遥感影像，使训练数据集中尽量包含丰富的几何、结构、纹理等信息，以在字典学习中学习到能够较好地反映影像的尤其是变化相关的判别性信息。然后，考虑到高分辨遥感数据在空-时-谱间存在一定的关系，先建立空-时-谱间的邻域结构关系，挖掘该关系构造一个多测量向量（Multiple Measurement Vectors，MMV）的编码模型（Cotter et al.，2005）。引入编码隐变量和稀疏贝叶斯优化算法，最大化隐变量的后验概率来求解非零系数的位置和取值，实现在噪声环境下自动确定稀疏元素的个数，并估计出噪声的鲁棒灵活稀疏编码。最后，考虑到在轨环境下的信息快速变化，构建增量训练集和序列稀疏编码算法，自适应学习更新字典。即首先更新训练样例，增加新的基函数或原子，将模型中的超参数进行更新，接着更新字典中的原子以及噪声的估计，从而实现复杂高维数据的稀疏描述与编码。

②非线性稀疏深度网络学习。稀疏编码的过程是一个进行线性或非线性变换的过程。复杂物理环境观测任务的高维、异构、动态、复杂性显著增加了其稀疏描述的困难。由于"视觉"高分辨卫星遥感信息的非结构化特点，海量动态遥感数据的变换域是一个"复杂学习问题"。线性稀疏编码是一种"浅层架构"下的数据表征模型，尽管字典可以通过学习获得，但如果分离出的陆地场景特别复杂，则不能很好挖掘出复杂非结构化场景的隐含解释性因素。在变化场景信息尤其复杂的情况下，可以采用深层网络进行非线性稀疏编码。图4-18给出了模拟视觉认知中的稀疏编码与层次化结构来建立稀疏深层网络的思路。

实现步骤如下：首先构造影像训练集，并将其归一化。其次，对归一化后的特征进行稀疏约束，设计稀疏特征提取的非线性稀疏滤波单元，采用梯度下

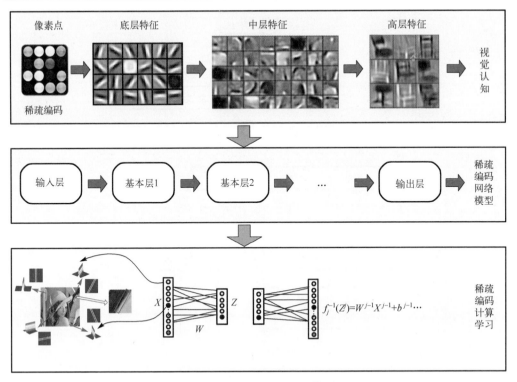

图 4-18　稀疏深层网络模型

降算法进行优化。最后，以多层前馈神经网络为原型学习机，构建"深层特征学习"架构，建立层次化稀疏滤波网络结构。分层稀疏滤波卷积神经网络特征提取与分类过程如图 4-19 所示。

3. 基于稀疏特征的影像配准与变化检测

由上阶段的深度卷积模型和经典的反卷积算法，通过反卷积自动生成变化图。如图 4-20 所示，变化检测网络可以分为两部分：特征提取和差异图构建。特征提取包括对参考影像和待测影像采用深度稀疏模型分别提取稀疏特征，然后并联作为联合特征；差异图构建主要是采用卷积操作和反卷积操作构建差异图的过程，该过程也是进行特征提取，使特征充分融合的过程，此时，将差异图作为两幅影像的一种相关特征去计算。具体流程是：首先对于待检测影像和参考影像，通过基于卷积深度神经网络的稀疏特征提取模型，进行影像的稀疏特征提取，然后对稀疏特征进行并联操作，借用卷积层和反卷积直接得到变化图，变化图大小等于参考影像图。

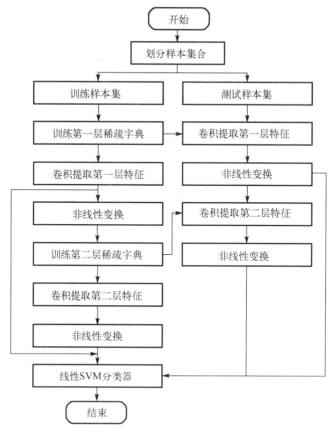

图 4-19 分层稀疏滤波卷积神经网络特征提取与分类过程

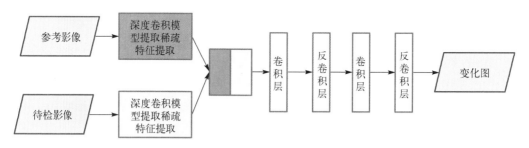

图 4-20 同步配准和变化检测网络结构图

类似于经典的 U-net 网络，变化检测标注图有 0/1 标注，表示是否发送变化，类似于二分类问题。在训练时，通过使用高动量使得大量先前的训练样本在当前的优化步骤中更新。能量函数是通过与交叉熵损失函数相结合的最终特征图，并利用像素级的 Softmax 函数进行计算。Softmax 函数定义为

$$p_k(i) = \frac{\exp(a_k(i))}{\sum\limits_{k'}^{K} \exp(a_{k'}(i))} \qquad (4\text{-}26)$$

式中，$a_k(i)$ 表示在第 i 像素点上第 k 个特征通道的激活函数，K 为类别数，$p_k(i)$ 为最大似然函数。加权交叉熵定义为

$$E = \sum_{i \in \Omega} w(i) \log(p_{l(i)}(i)) \qquad (4\text{-}27)$$

式中，$l \in \{1, 2, \cdots, K\}$ 表示每个像素正确的标签，$w(i)$ 为权重函数，且将权重函数定义为

$$w(i) = w_c(i) + w_0 \exp\left(-\frac{(d_1(i) + d_2(i))^2}{2\sigma^2}\right) \qquad (4\text{-}28)$$

式中，$w_c(i)$ 表示平衡类别频率的权重图，σ 是经验设置的参数。

4.5.2　变化检测效果评估

1. 评价指标

在传统遥感影像的变化检测中，有多种方式来进行评价，一种是主观视觉上的评价，另一种是用具有固定理论含义的指标来评定。本书中，多时相影像变化检测的主要功能指标包括检测召回率、准确率和 F1score 等(Jiang et al.，2022)。

2. 性能评估

(1)定量评价。

表 4-7 展示了在 LEVIR-CD 数据集(Chen and Shi，2020)上的变化检测结果。相比于现有方法，本书方法的 F1score 达到了 0.884。在对比的方法中，性能达到最佳，已经基本可以满足实际的应用需求。

表 4-7　像素级变化检测测试结果

方法	召回率	准确率	F1score	时间/ms
FC_EF(Daudt et al.，2018)	0.647	0.581	0.612	21.56
STANet-BASE(Chen et al.，2020)	0.792	0.891	0.839	39.78
STANet-BAM(Chen et al.，2020)	0.815	0.904	0.857	41.56
STANet-PAM(Chen et al.，2020)	0.838	0.910	0.873	59.79
本书方法	0.842	0.930	0.884	24.56

通过对时效性指标进行测试，对比的方法中，Chen 等(2020)提出方法时效性较低。Daudt 等(2018)提出的方法效率较快，但是检测的精度相对较低。本书方法可以在实现较高精度的同时，保证变化检测任务的实时性，从而更有利于在轨部署。

(2)目视结果。

图 4-21 展示了在 LEVIR-CD 数据集上的检测结果，可以看到对发生变化区域的提取具有较好的结果。

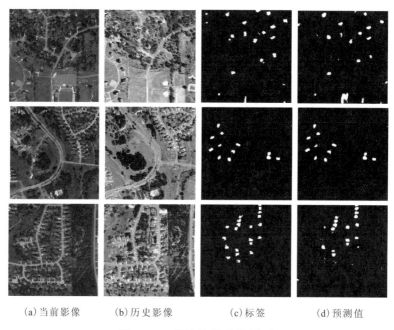

(a)当前影像　　　(b)历史影像　　　(c)标签　　　(d)预测值

图 4-21　变化检测效果展示

4.6　本　章　小　结

本章归纳了遥感卫星在轨信息提取与智能处理的多个关键技术与算法，包括遥感影像在轨信息检测与智能处理框架、在轨云检测、在轨智能目标检测、在轨运动目标实时检测跟踪和在轨实时变化检测，并对各个关键技术进行了效果评估验证，为智能遥感卫星在轨实时处理提供技术支撑。未来智能遥感卫星设计将从硬件定义逐步发展到软件定义、服务模式从任务驱动转变为事件感知、智能水平从单星智能提升到多星协同群体智能、卫星功能从单一化扩充到通导遥一体化、管理方式从测控运控分离改进为测运控一体化，智能卫星服务能力逐步增强，回答何时(when)、何地(where)、何目标(what object)发生了何种变化(what change)，并在规定的时间(right time)和规定的地点(right place)把这些有效信息(right information)推送给需要的人(right people)，实现 4W 信息实时推送给 4R 用户。

参 考 文 献

董志鹏, 王密, 李德仁. 2017. 一种融合超像素与最小生成树的高分辨率遥感影像分割方法. 测绘学报, 46(6): 734-742.

胡正平, 张晔, 谭营. 2007. 区域进化自适应高精度区域增长图像分割算法. 系统工程与电子技术, 6: 854-857.

李德仁, 丁霖, 邵振峰. 2022. 面向实时应用的遥感服务技术. 遥感学报, 25(1): 15-24.

李德仁, 沈欣. 2005. 论智能化对地观测系统. 测绘科学, 30(4): 9-11.

王国权, 周小红, 蔚立磊. 2009. 基于分水岭算法的图像分割方法研究. 计算机仿真, 5: 255-258.

王密, 杨芳. 2019. 智能遥感卫星与遥感影像实时服务. 测绘学报, 48(12): 1586-1594.

王密, 张致齐, 董志鹏, 等. 2018. 高分辨率光学卫星影像高精度在轨实时云检测的流式计算. 测绘学报, 47(6): 760-769.

张建梅, 孙志田, 余秀萍. 2011. 基于图论的图像分割算法仿真研究. 计算机仿真, 12: 268-271.

张钰慧, 胡瑞敏, 肖晶. 2022. 面向卫星在轨实时处理的遥感视频动目标提取算法. 计算机应用与软件, 39(1): 135-143.

Achanta R, Shaji A, Smith K, et al. 2012. SLIC superpixels compared to state-of-the-art superpixel methods. IEEE Transactions on Pattern Analysis and Machine Intelligence, 34(11): 2274-2282.

Chen H, Shi Z. 2020. A spatial-temporal attention-based method and a new dataset for remote sensing image change detection. Remote Sensing, 12(10): 1662.

Cotter S F, Kjersti E B D, Kreutz-Delgado K. 2005. Sparse solutions to linear inverse problems with multiple measurement vectors. IEEE Transactions on Signal Processing, 53(7): 2477-2488.

Daudt C R, Le S B, Boulch A. 2018. Fully convolutional Siamese networks for change detection//The 25th IEEE International Conference on Image Processing (ICIP): 4063-4067.

Dong Z, Wang M, Wang Y, et al. 2022. Object detection in high resolution remote sensing imagery based on convolutional neural networks with suitable object scale features. IEEE Transactions on Geoscience and Remote Sensing, 58(3): 2104-2114.

Du Y, Song Y, Yang B, et al. 2023. StrongSORT: make DeepSORT great again. IEEE Transactions on Multimedia, 25: 8725-8737.

He Q, Sun X, Yan Z, et al. 2022. Multi-object tracking in satellite videos with graph-based multitask modeling. IEEE Transactions on Geoscience and Remote Sensing, 60: 1-13.

Jiang X, Xiang S, Wang M, et al. 2022. Dual-pathway change detection network based on the adaptive fusion module. IEEE Geoscience and Remote Sensing Letters, 19: 1-5.

Xiang S, Wang M, Xiao J, et al. 2023. Cloud coverage estimation network for remote sensing images. IEEE Geoscience and Remote Sensing Letters, 20: 1-5.

Zhang Y, Sun P, Jiang Y, et al. 2022. ByteTrack: multi-object tracking by associating every detection box//European Conference on Computer Vision: 1-21.

第5章　高分辨率光学卫星遥感数据在轨高倍率智能压缩

光学卫星遥感数据是由卫星在太空拍摄的地球表面的影像和视频，需要经过在轨存储后传输到地面进行后续应用。然而星地间传输链路的有限带宽和遥感数据日益增长的空间、时间和光谱分辨率之间存在矛盾，高效的光学遥感数据压缩愈加重要。近几十年来，人们对遥感数据压缩计算进行了广泛的研究。遥感数据压缩最初采用预测编码，如 DPCM（Differential Pulse Code Modulation）（Jayant，1974）和 ADPCM（Adaptive Differential Pulse Code Modulation）（Cohn and Melsa，1975），但随着遥感影像分辨率的提高，预测编码限制了压缩率，无法满足遥感应用需求。为此，发展出了高性能有损压缩方法，包括变换编码如离散余弦变换和离散小波变换（Discrete Wavelet Transform，DWT），通过可逆变换和量化滤除高频信号，形成 JPEG（Joint Photographic Experts Group）和 JPEG2000 等压缩方法。其中，小波变换在影像压缩中表现出色，基于小波的压缩框架如 SPIHT（Set Partitioning in Hierarchical Trees）（Said and Pearlman，1996）、SPECK（Set Partitioning Embedded Block）（Pearlman et al.，2004）和 BTCA（Binary Tree Coding with Adaptive Scanning Order）（Huang and Dai，2012）得到广泛应用。

虽然对单幅影像的压缩方法支撑了现有的众多高分辨率遥感卫星的数据应用，但遥感领域的探索显然不止于此，国内外的航天技术都在向视频卫星和视频成像方向展开新的研究。2017 年，我国珠海一号搭载的 OVS-2 卫星具备大于 25fps 的采集速率，是我国遥感技术在视频卫星上的突破。相比传统静态光学卫星，星载视频卫星的数据量更大，对星上存储资源和下传带宽造成更大压力，这对在轨影像高倍率压缩技术的需求也更大。国内外遥感数据在轨压缩方法仍多采用以 DPCM 为代表的预测编码和以 JPEG2000 为代表的变换编码，其压缩比多局限于 4~8 倍，远远小于星上数据量与传输带宽之间的百倍级差距。同时，这些已有的压缩处理框架没有结合视频卫星特点，不能很好地适用于星载视频数据的高倍率压缩与实时服务，难以在性能上取得突破性进展。

最初的遥感数据面向地面量测的需求，对影像的清晰度要求高，因此多采用无损或低压缩比的压缩方法。但当前遥感数据应用的趋势由面向测绘领域的量测扩展到面向观测和智能分析的更大应用范围，为满足在轨实时服务的需求，需要提高遥感影像的压缩倍数，因此高倍率的有损压缩成为主流。H.264 是经典视频编码标准，使用帧内编码、向前参考帧和双向参考帧等方式实现高效压缩。为适应遥感应用需求，出现基于感兴趣区域（Region of Interest，ROI）的压缩（Giordano and Pietro，2017）、任务驱动的编码（Li et al.，2019）和基于压缩感知的编码（Li et al.，2018）。基于 ROI 的压缩通过分离 ROI 区域和背景，突出 ROI 区域细节。任务驱动的编码在地面端和卫星端进行，通过识别重点目标构建任务集，将特征基向量（Feature Basis Vector，FBV）传递给卫星端，对遥感影像进行子块划分、映射和稀疏系数量化编码。基于压缩感知的编码利用非线性恢复算法从不完整测量集中恢复稀疏信号。此外，压缩感知的原理可应用于快速纠错编码，防止传输过程中信号错误或丢失。本章将要介绍的面向任务的遥感数据在轨智能压缩框架，其主要思想是以满足特定星上智能分析任务需求为目标，在遥感卫星上对数据进行压缩处理。这种压缩技术旨在优化数据传输、存储和处理，使得卫星可以在有限的资源条件下完成更多的任务。

　　本章主要对光学卫星遥感数据高倍率智能压缩方法进行介绍。5.1 节讨论了面向任务的遥感数据在轨智能压缩框架。5.2 节和 5.3 节根据处理数据的类型分别对在轨影像压缩方法和在轨视频压缩方法进行介绍，并展示了这些压缩方法的效果。通过该内容设置，本章全面介绍了光学卫星遥感数据高倍率智能压缩方法以及评估体系设计，为读者深入了解和应用高分辨光学卫星遥感数据在轨处理提供了重要参考。

5.1　面向任务的高分辨率遥感数据在轨智能压缩框架

5.1.1　高分辨率遥感数据在轨智能压缩框架

　　本章所介绍的压缩方法是面向遥感卫星数据的压缩，因此不能脱离遥感卫星平台和遥感卫星数据的特点，这是遥感数据压缩和一般的自然影像压缩的重要差异。

　　(1)遥感卫星平台特点。

　　①计算资源限制：卫星平台的计算资源通常受限，因此在轨压缩可能受到计算能力的限制。执行复杂的压缩算法或处理大规模数据可能超出卫星平台的处理能力范围。②存储限制：卫星上的存储空间通常有限，限制了在轨压缩算法的空间复杂度。高效率的压缩方法需要较大的计算和存储资源，这可能限制在轨压缩的效率和质量。③实时性要求：部分应用可能需要对数据进行实时处

理和压缩，比如灾害监测、应急响应等。这就要求压缩过程需要在有限的时间内完成，因此算法和处理流程需要足够高效。④通信带宽限制：传输压缩后的数据只能利用非常有限的通信带宽。压缩倍数不足可能会导致数据传输时间延长，影响数据的实时性和及时性。

(2) 遥感数据特性。

①空间上的稀疏性：遥感数据在空间上通常表现出稀疏性，即地表上的很多区域可能是无人居住或无人工建筑的开阔地带，这意味着影像中有大量相似或重复的信息，有些区域可能缺乏细节或变化，而其他区域可能包含高度丰富的地物信息。②时间上的稀疏性：遥感数据的采集往往不是持续、不间断的，而是在特定的时间点进行，这导致不同时间点获取的影像可能存在较大的差异，尤其是针对长周期的遥感数据。③任务信息的稀疏性：遥感数据中可能存在大量的冗余信息，而对于特定任务或应用而言，关注的通常是特定地物、特定地区或特定时间段的信息。

考虑遥感卫星平台和遥感数据的特点，遥感数据的在轨智能压缩是在面临星上计算资源有限和星地传输带宽不足的挑战下，通过高倍率的在轨压缩算法，将原始数据压缩到星地带宽能够承受的范围内。同时，它需要智能地平衡压缩倍数、影像质量和运行速度这三个关键方面，以最终满足星地传输带宽和任务需求之间的平衡。面向任务的遥感数据在轨智能压缩是一种以满足特定星上智能分析任务需求为目标，在遥感卫星上对数据进行压缩处理的新型压缩框架。它考虑到遥感数据具有的数据海量、时空谱冗余度高和纹理复杂等特点以及天基计算资源的限制，采用了基于"稀疏表征-冗余去除-任务驱动"的压缩框架，突破遥感数据实时传输瓶颈。这个框架旨在保持影像质量的前提下，大幅度减小编码码流的大小，以便更高效地传输、存储和处理遥感数据。

如图 5-1 所示，面向任务的遥感数据压缩包括以下主要流程。

1. 遥感数据稀疏解耦表示

在第 4 章中，已经讨论了遥感数据在轨信息提取的相关内容。为了满足光学遥感数据在星上实时处理的需求，卫星需要对影像中感兴趣的目标进行稀疏表征，从而降低星上处理数据的维度。在解决星地数据传输和星上实时处理中，一个关键环节是对历史重访影像的利用。通过将历史影像用于稀疏字典的训练，该框架能够实现高效的数据压缩，从而在星地数传中实现高倍率的数据传输。该技术在保证数据传输质量的同时减少数据量，从而提高数传的效率。

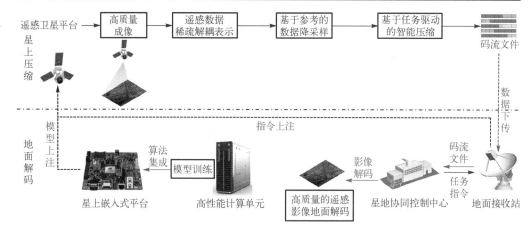

图 5-1　面向任务的遥感数据在轨智能压缩示意图

其中的核心环节在于数据的解耦表示，其将不同时相之间的共有特征与特有特性进行彻底分离，不仅有助于为融合任务更好地捕捉时相之间的关联，还为后续的分析任务提供了影像特有特征的稀疏编码，从而提高了下游任务的处理效率，如图 5-2 所示。

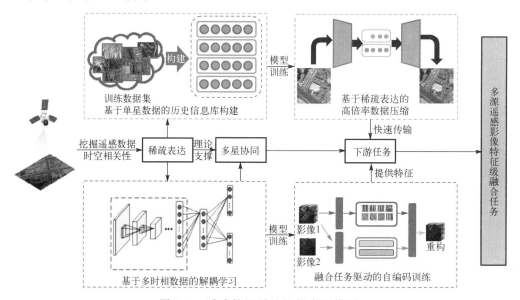

图 5-2　遥感数据稀疏解耦表示模型

2. 基于参考的数据降采样

传统的星上在轨稀疏表达只针对单幅影像，仅限于去除空间冗余和光谱冗余，而遥感卫星周期性重复访问的特点使得编解码器可以利用大量的历史影像作为参考来对发生异常的热点区域的当前影像进行时间冗余的去除，同时将变化特征与非变化特征在编码码流上加以区分。

如图 5-3 所示，它利用到了遥感卫星的上下两个传输链路，通过上行链路获取参考影像，通过下行链路传输压缩码流。最终实现目标区域当前影像的快速稀疏编码，为下游遥感智能处理任务的快速运行提供保障。

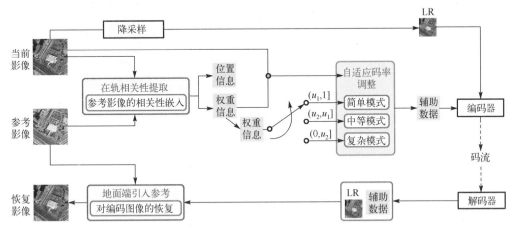

图 5-3　基于参考的数据降采样示意图

3. 基于任务驱动的智能压缩

遥感影像和视频具有大幅宽、小目标的特点，通常目标占比远小于背景区域，非任务区域往往会增加额外的传输容量，导致星上数据实时传输难度大。为了满足在轨环境下遥感数据的高效压缩的要求，遥感卫星数据在轨压缩框架采用了面向任务的在轨智能压缩方法，针对不同任务需求进行自适应码率分配，如目标识别、场景分类以及变化检测任务等，实现高倍率智能压缩。图 5-4 展示了基于任务驱动的智能压缩方法流程，该方法可以针对不同的任务需求，设置兴趣区域，并进行码率的自适应分配。在遥感卫星拍摄场景中，背景区域占比通常比兴趣区域大，通过分配较少码率给背景区域编码，可以有效提高遥感数据的压缩比倍数。

4. 引入历史参考的地面解码

地面解码是面向任务的遥感数据压缩流程中的重要组成部分。在该环节中，码流文件从卫星经过下行通道传输至地面接收站，然后进行解码，以恢复出高质量的遥感影像或视频。

对于高质量遥感数据的重构部分，地面解码主要包括以下关键步骤：

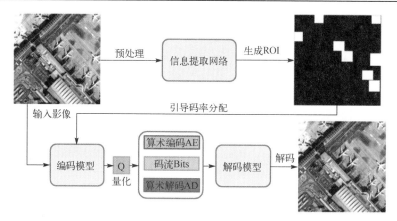

图 5-4　基于任务驱动的智能压缩流程示意图

　　①数据接收：地面接收站负责接收从遥感卫星上传输的码流文件。这些码流文件经过了星上的压缩处理，因此它们的数据量较小，能够通过星地传输通道快速下传。

　　②解码处理：一旦码流文件到达地面接收站，解码处理开始。这个过程涉及使用解码算法，将压缩后的数据恢复为原始遥感影像或视频。解码算法要与星上的压缩算法相对应，以确保正确的信息恢复。由于本章所提出的在轨智能压缩框架在编码端采用了基于参考的数据降采样，所以地面解码端也需要引入参考影像来提高解码重构的质量。由于历史影像都存储在地面，解码时只需要从历史影像数据库中检索参考影像，不需要遥感卫星再向地面下传参考影像。

5.1.2　遥感数据压缩算法评估体系与评估指标

1. 在轨实时稀疏压缩算法评估体系

　　针对卫星在轨实时稀疏压缩的需求，光学卫星遥感数据在轨实时稀疏压缩算法评估主要从压缩质量、压缩效率和算法复杂度几个方面展开，分析满足星地传输带宽、星上计算资源和地面移动终端实时应用的各项评估指标要求，设计在轨实时稀疏压缩算法评估体系，如图 5-5 所示。

　　压缩质量评估方法包括峰值信噪比（Peak Signal-to-Noise Ratio，PSNR）和结构相似性（Structural Similarity，SSIM），用来评估重建影像或视频的质量。压缩效率评估指在给定影像或视频质量下的算法压缩比，即原始数据量与压缩后数据量之比。压缩算法复杂度评估即评估运行压缩算法所需要的时间资源和内存资源，分为时间复杂度评估和空间复杂度评估。

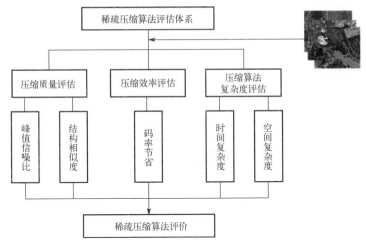

图 5-5　在轨实时稀疏压缩算法评估体系

2. 在轨实时压缩算法评估指标

（1）压缩质量评估指标。

遥感数据压缩质量评估通过选取一个或几个最合适的影像质量指标来衡量重建质量的好坏。光学遥感卫星影像压缩客观质量评估方法采用全参考方法，如图 5-6 所示，该方法适用于对遥感影像智能编解码系统性能测试、比较和优化的应用场景。

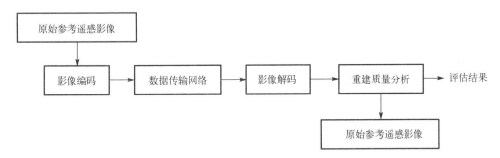

图 5-6　光学遥感卫星数据压缩客观质量评估框架

常用评估指标选取 PSNR 和 SSIM 来对单幅影像或序列影像的解码质量进行评估。PSNR 是基于误差敏感的影像质量评估，SSIM 衡量原始影像与重建影像的结构相似度，PSNR 计算公式为

$$\mathrm{PSNR} = 20 \times \log_{10}(\mathrm{MAX}_I) - 10 \times \log_{10}(\mathrm{MSE}) \tag{5-1}$$

式中，MAX_I 表示影像像素数的最大值，为固定值；MSE 表示代原影像与重建影像之间的均方误差。

SSIM 旨在模拟人眼对影像质量感知的方式,并提供了一种客观的方式来度量影像之间的相似度,计算公式为

$$\text{SSIM}(x,y)=\frac{(2\mu_x\mu_y+c_1)(2\delta_{xy}+c_2)}{(\mu_x^2+\mu_y^2+c_1)(\delta_x^2+\delta_y^2+c_2)} \tag{5-2}$$

式中,x 为原始影像,y 为重建影像,μ_x 是 x 的平均值,μ_y 是 y 的平均值,δ_x^2 是 x 的方差,δ_y^2 是 y 的方差,δ_{xy} 是 x 和 y 的协方差。c_1、c_2 是用来维持稳定的常数。结构相似性的范围为 $-1\sim1$。当两幅影像一模一样时,SSIM 的值等于 1。

(2)压缩效率评估方法。

遥感数据在轨实时稀疏压缩算法压缩效率评估在给定影像或视频质量情况下的算法压缩比,对比压缩前遥感影像或视频文件大小与压缩后码流文件大小,获得压缩比率 r 如下

$$r=\frac{B_o}{B_c} \tag{5-3}$$

式中,B_o 表示原始数据比特数,B_c 表示压缩后数据比特数。

(3)压缩算法复杂度评估方法。

遥感数据在轨实时稀疏压缩算法时间复杂度,采用在相同测试条件下算法执行时间为评估标准。压缩算法时间复杂度的计算采用 n 个卫星影像序列进行测试,在硬件环境一致时,对应不同分辨率、编码参数设定下,分别记录不同压缩算法编解码所需时间 t_n。在测试条件相同时,压缩算法运行所耗费时间越短,则认为该算法具有越小的时间复杂度。对于视频数据的压缩,还常采用每秒帧数(fps),它表示在一秒内连续播放的帧数。

遥感数据在轨实时稀疏压缩算法空间复杂度是指运行编解码过程所需内存的大小,压缩算法空间复杂度计算内存占用率,内存使用信息从 Linux 系统中的/proc/meminfo 中读取,内存占用率 F_m 计算公式为

$$F_m=(\text{Memtotal}-\text{Memfree})/\text{Memtotal}\times100\% \tag{5-4}$$

式中,Memtotal 表示内存总量,Memfree 表示空余数量。在测试条件相同时,压缩算法运行所耗费内存占用率越低,则认为该算法具有越小的空间复杂度。

5.2　高分辨率遥感影像在轨压缩

5.2.1　基于任务驱动的在轨压缩

由于较高的影像分辨率和较大的影像尺寸带来了巨大的数据量,对于遥感

影像压缩效率提出了更高的要求。以高分六号全色影像为例，其空间分辨率为 2m，一景影像大小为 48312 像素×43760 像素，占用存储空间约为 3.9GB，按对地传输码率 2×450Mbit/s 计算，卫星过境时间窗口的十几分钟内最多下传 22 景影像。而遥感卫星拍摄一个条带的影像就可包含 8～15 景，现有下传带宽甚至不足以传输三个条带的遥感影像。在这种情况下，视觉空间冗余压缩已经不足以完成遥感影像的压缩要求，需要降低无关内容编码的比重，保证 ROI 区域的比重以提高整体压缩效率(洪宁，2015)。

在目前的遥感卫星服务体系中，主要采用"星上拍摄-地面处理"的星地分离处理方式。当前的在轨压缩方法通常针对整幅影像进行无差别压缩，主要以无损压缩和低倍率压缩为主，可以满足现有体系中地面处理和分析的需求。然而，这种方式在压缩过程中未考虑影像中的 ROI 信息和背景信息，导致了额外的高计算开销。特别是在压缩比超过一定阈值(例如超过 60 倍)时，当前的压缩方法可能会导致严重的影像失真。未来，随着遥感卫星服务朝着智能化、实时化和数据在轨处理等方向发展，需要更高倍率同时还能保留数据中的关键信息的遥感影像压缩方法以应对新型遥感卫星服务体系的挑战。针对这一趋势，本节所介绍的压缩方法着眼于遥感影像的特定特性，旨在更好地捕获感兴趣信息，并针对不同区域或特征进行有针对性的压缩，从而提高压缩效率并最小化影像失真。这种定制化的方法能够更好地适应未来在轨遥感影像的压缩需求。

基于任务驱动的压缩方法是针对当前星上受限环境的遥感影像高倍智能压缩问题而提出的。ROI 和背景(Background，BG)共同组成一幅影像。ROI 区域是指影像中特定区域或特征，对于遥感影像来说，可能是目标、地物或特定景物。背景(BG)则是 ROI 之外的影像区域。基于任务驱动的压缩可以优化资源利用，只对任务的关键区域进行高质量编码，减少不必要的计算和存储；同时，这种针对性的压缩方法有助于保留关键信息，最大限度地减少影像失真，对于后续的地物识别、变化监测等任务至关重要。

1. ROI 的提取

虽然目前 JPEG2000 压缩标准可以实现面向 ROI 的编码，但对于 ROI 从何而来、如何提取，并没有相关的标准与规定。根据 ROI 的两种编码模式可以推测出两种 ROI 提取方法，一种是人为规划的区域，用横轴和纵轴的比例范围对 ROI 进行标记；另一种是提供掩膜影像，将 1 标记为 ROI，0 标记为背景，掩膜可以是多区域任意形状的。Shapiro(1993)提出了对影像的 ROI 区域进行加权来优先编码的概念；Ryan(1994)指出可以根据纹理来判断 ROI 区域，例如，对于农田这种纹理一致的是不重要的内容，可以作为背景，而对于公路上的汽车会造成纹理不一致，是需要重点关注的，需要作为 ROI。Cheng(1995)从量化入手，对 ROI 区域采取较小的量化步长，而对背景采用较大的步长。

对于普通影像的 ROI 提取，有很多成熟完备的形态学算法，例如，分割方法、分水岭方法。但是这些图像处理方法不针对某种垂直领域，只是基于阈值或者基于算子对边缘进行检测来对画面进行分割。对于尺寸巨大的遥感影像，其中包括复杂的边缘、过多的像素跳变，可以区分出很多区域，但是不能确认哪部分是真正感兴趣的，并且划分出来的内容过于零散。同时，大多数 ROI 提取方法是在小波变换的低频子带提取纹理信息作为 ROI 区域，但遥感应用关注的对象并非和人眼兴趣区域一致，更多是关注相关细节信息。所以，遥感影像的 ROI 区域提取主要利用小波变换之后所获得的高频细节信息。

ROI 区域提取流程如图 5-7 所示，首先将输入图像经过二维离散小波变换（DWT）后得到高频细节，然后对所有高频信号按阈值进行分割。为了避免阈值分割导致的细节信息太零散问题，进一步通过形态学处理来让区域有一定的整合性，同时也能涵盖更多的细节信息。根据上述算法描述生成掩膜，然后对某卫星的遥感影像进行 ROI 提取。图 5-8 为生成的影像掩膜。

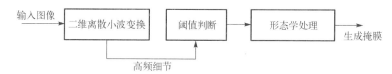

图 5-7　ROI 提取的流程示意图

(a) 输入影像　　　　　　　　　　　　　　(b) 生成掩膜区域

图 5-8　遥感影像感兴趣区域的提取

2. 传统的基于任务驱动的遥感影像压缩

传统的基于任务驱动的遥感影像压缩方法通常采用区域编码的方式，以提高对 ROI 区域的压缩效率和质量。ROI 通常被定义为影像中特定的区域或目标，可能是地物、景物或者特定地区。基于小波变换的高频内容所提取出的 ROI 区域具有形状任意、数量任意的特点，是一种应用广泛的传统方法。

该方法对 ROI 区域编码的关键在于位平面（Bit Plane）的提升上。在这里先解释一下位平面的概念。位平面是数字图像处理中的概念，它指的是图像中每个像素的各个位（Binary Digit）所构成的集合。在一个像素中，通常包含了多个位，比如一个 8 位的像素包含 8 个位平面，每个位平面对应像素中对应位的集合。对于 ROI 编码，位平面提升指的是在对 ROI 区域进行编码时，通过对每个像素的位平面进行处理和优化，以提高对 ROI 区域的压缩效率和质量。位平面提升实际上意味着更好地利用了像素在二进制表示中的不同位，对 ROI 区域中重要的高频信息进行了更加精细的处理和保留，从而在压缩过程中提高了对兴趣区域的编码效率和质量。这种方法能够更有效地保留和提取出 ROI 区域的细节特征，以最大程度地减少影像失真。

JPEG2000 中采用的最大位移法（Maxshift-Method）（图 5-9(c)）和一般位移（Generic Scaling-based Method）（图 5-9(b)）是主流的两种位平面提升方法。与两者对应的是完全不采用位平面提升 ROI 编码的位平面状态（图 5-9(a)）。

（1）最大位移法。

①提供和影像尺寸大小一致的掩膜，用 255 表示兴趣区域，用 0 表示背景区域。

②掩膜影像进行小波变换后，作用于原影像的小波变换后的结果，并对具有兴趣区域的编码块进行位移。

③计算出所有编码块中的最高位平面，得出位移系数进行整体位移，使兴趣区域的位平面整体高于背景区域。最后经过扫描、熵编码，组织为码流进行传输。同时把位移系数记录在码流中。

④解码时从码流中读取每个编码块的位移系数，再将位移系数与 2 的位移系数次幂进行比较，若大于，则该位置为 ROI。

最大位移法的优势在于无需对影像的掩膜进行存储与传输，也不需要对掩膜的形状进行规定。但缺点在于位平面的提升增加了编码量，并且在解码端，若不能处理所有位平面信息的话，会造成一部分背景信息的丢失。

（2）一般位移法。

该方法的优点在于可以很好地对背景和 ROI 区域进行控制。对于此算法，引入了一个新的参数 α，表示 ROI 区域与背景区域质量的对比度。α 越大，说明解压重建后影像中包含的背景编码块所还原的信息越少，丢失的信息越多。

若 α 过大，那么图像只能还原那些具有 ROI 编码块的内容，即丢失掉所有只含有背景的编码块信息。

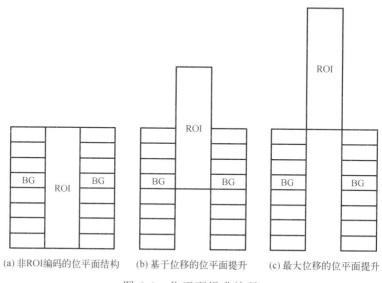

(a) 非ROI编码的位平面结构　　(b) 基于位移的位平面提升　　(c) 最大位移的位平面提升

图 5-9　位平面提升编码

此类传统的基于任务驱动的遥感影像压缩方法的局限性在于对于 ROI 区域的形状和数量可能存在限制，特别是在处理非规则形状或多个非连续区域时。此外，对 ROI 区域的编码通常在位平面级别进行，这可能导致在对 ROI 区域进行高效率压缩时出现一些限制。

3. 采用深度学习的基于任务驱动的遥感影像压缩

近些年，随着深度学习的发展，基于学习的压缩模型不断被提出，用来实现对影像的高倍率智能压缩。影像压缩技术对遥感影像的星地传输起到至关重要的作用。它可以在在轨环境下，通过对遥感影像冗余信息的去除并编码为二进制码流文件，降低数据传输量，缓解有限带宽下的数据传输压力（王密等，2022）。地面接收到码流文件后，通过解码端实现对码流文件的解码可以重新生成遥感影像。借助卷积神经网络（CNN）对影像的强大理解能力，对一般的基于任务驱动的遥感影像压缩方法进行改进。用 CNN 搭建起压缩模型的四个重要模块，分别为影像的编码模块（Encoder），用于影像表征特征信息的提取；解码模块（Decoder），用于将熵编码后的码流文件解码为影像；先验编码模块（Hyper-Encoder），用于对 Encoder 输出的表征信息进行重新编码；先验解码模块（Hyper-Decoder），可以帮助 Encoder 和 Decoder 更好地实现对表征信息的编码解码,通过 Hyper-Encoder 和 Hyper-Decoder 可以学习到表征信息的高斯分布,来优化熵模型编码。该压缩模型的结构如图 5-10 所示,其解决了星上受限环境的遥感影像高倍率智能感知压缩问题,提供了一种基于任务驱动的压缩模型方案来实现不同任务的遥感影像自适应码率分配以及高倍智能压缩任务。

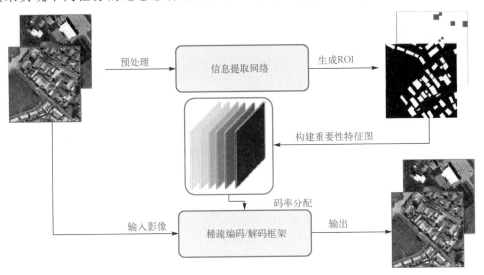

图 5-10　基于任务驱动的深度学习压缩框架

5.2.2　基于历史影像参考的高倍率稀疏压缩

上一节的基于任务驱动的遥感影像压缩主要从空间冗余的角度进行压缩,而遥感应用中存在着大量的历史影像,这些序列影像的稀疏性在压缩中还未得到开发,因此可以从序列影像稀疏性上对遥感影像做进一步的压缩。本节将介绍一种利用历史影像对遥感影像进行辅助压缩的新压缩方法(Wang et al.,2023)。高分辨率遥感影像具有丰富的细节和复杂的纹理,而运用一般影像的压缩方法对遥感影像进行压缩时,通常性能较差、变形严重,影响了对压缩影像的观察和分析。考虑到遥感卫星对同一区域的高频次重访,这些重访影像之间存在很大的相似性,意味着它们之间的冗余信息可以进一步压缩。

遥感卫星的传输链路可分为上传链路和下传链路。传统的遥感影像压缩只会用到下传链路,当卫星过境地面站时将压缩数据经下传链路传输到地面接收站;基于历史影像参考的遥感压缩会将原本处于闲置状态的上传链路利用上,如图 5-11 所示,编解码流程如下:

①搜索参考影像。根据即将执行的拍摄指令,在已有的众多遥感影像的历

史影像中搜索目标区域的影像作为参考影像。

②上传参考影像。地面站会在拍摄前将参考影像上传到执行拍摄任务的遥感卫星上。

③在轨编码。进行带参考的遥感影像在轨编码。

④码流下传。当遥感卫星过境地面站时将编码码流下传至地面站，由于地面站有同名的参考影像，所以只需下传参考影像的编号。

⑤地面站解码。根据码流中的参考影像编号找到参考影像，对原影像压缩数据进行带参考的解码。

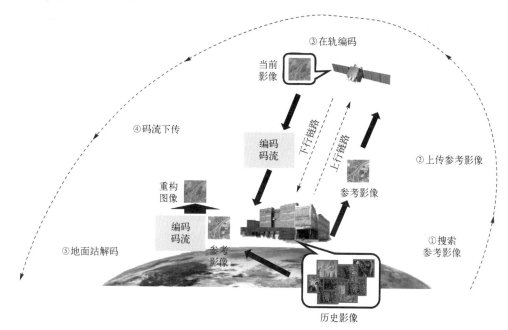

图 5-11　基于历史影像参考的遥感影像压缩流程示意图

传统的时间冗余去除方法常见于视频压缩中，它通过运动估计的方式计算出两帧影像之间的运动矢量，必须要求前后帧中目标的运动具有非常强的连贯性，两帧的时间间隔非常短(如 1s 以内)。然而遥感卫星的时序影像的拍摄间隔至少为数小时，间隔长的甚至可以多达数年，因此传统的运动估计不适用于遥感影像的时空冗余去除。本节所提出的新的基于参考影像的遥感影像压缩方法，通过计算当前影像与历史影像间的相似性纹理，使用转换器网络(Transformer)中的注意力机制来对影像的时空冗余进行去除。具体地，该方法包括以下步骤：

①数据准备，将找到的参考影像与待压缩的重访影像做配准，然后裁剪影像作为训练数据和测试数据。

②设置基于参考纹理迁移的光学遥感影像深度学习压缩模型，采用先降采样后超分的深度学习网络架构，进行相应训练时包括以下处理：

(a) 影像纹理特征的提取，包括利用可学习的纹理特征提取器从参考影像与当前影像中分别提取纹理特征，将标准内积作为相似性构造硬注意力映射 H 与软注意力映射 S，记录参考影像中与当前影像相关纹理的位置与置信度。

(b) 先降采样后超分的编解码，包括对当前影像做降采样过滤掉大部分的空间信息，在解码时先重构出降采样后的低分影像，然后通过引入参考影像作为辅助信息的超分网络对降采样做相应超分，恢复出原分辨率大小的重构影像。

③以原图的重构损失、低分影像重构损失和编码代码的熵作为损失函数训练步骤②中设置的网络，得到训练好的光学遥感影像压缩模型。

④基于步骤③所训练好的光学遥感影像压缩模型，输入待压缩的光学遥感影像，提取压缩后的影像并进行质量评估。

步骤②所提及的可学习的纹理特征提取器是一个浅层神经网络，用于从输入影像中提取出纹理特征，依次包括 Conv、Conv、Conv、Pool、Conv、Conv、Pool 和 Conv，其中 Conv 为卷积层，Pool 为池化层。

步骤②训练模型采用的先降采样后超分的编解码框架如图 5-12 所示，它的实现原理如下：

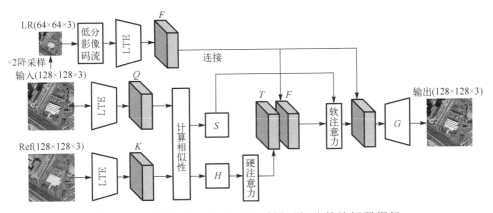

图 5-12　训练模型采用的先降采样后超分的编解码框架

编码时，设从当前影像和参考影像中提取的特征分别为 Q 和 K，且 $Q,K \in \mathbf{R}^{c \times h \times w}$，$c$ 为维度，$\mathbf{R}$ 为实数域，把特征 K 和 Q 从像素维度 $(h \times w)$ 将特征展开为逐个向量 unfold(K)、unfold(Q)，即

$$\begin{aligned} \text{unfold}(K) &= \{k_j \mid k_j \in \mathbf{R}^c, j \in [1, h \times w]\} \\ \text{unfold}(Q) &= \{q_i \mid q_i \in \mathbf{R}^c, i \in [1, h \times w]\} \end{aligned} \tag{5-5}$$

利用转换器网络的注意力机制做相似纹理的迁移，需要首先对 Q 中的每个子特征 q_i 与 K 中的每个子特征 k_j 计算它们之间的相关性，计算公式采用标准内积

$$r_{i,j} = \left\langle \frac{q_i}{\|q_i\|}, \frac{k_j}{\|k_j\|} \right\rangle \tag{5-6}$$

由上述相关性数据可构成相关性矩阵。从该矩阵中可以提取出表示相似纹理位置的信息和表示相似纹理权重的信息，在转换器网络中它们分别被称为硬注意力映射和软注意力映射。得到的硬注意力映射和软注意力映射分别记为 H 和 S，硬注意力映射 H 的第 i 个分量 $h_i = \arg\max r_{i,j}$，软注意力映射 S 的第 i 分量 $s_i = \max r_{i,j}$；其中，软注意力映射的均值 $\overline{S}$ 用于作为衡量参考影像与当前影像相似度的指标，指导模型进行自适应压缩和自适应降采样。

解码时，利用低分影像的上采样影像提取的特征 Q' 和参考影像特征 K 计算硬注意力映射 H 和软注意力映射 S，实现方式和编码端相同；然后构造可迁移的纹理特征，利用硬注意力机制从参考纹理特征中找到相似性最高的分量，这些分量组成可迁移的纹理特征，公式如下

$$\text{unfold}(T) = \{t_j \mid t_j \in \mathbf{R}^c, i \in [1, h \times w]\}, \quad t_i = k_{h_i} \tag{5-7}$$

式中，t_i 为 T 的第 i 分量，k_{h_i} 为按照硬注意力映射在特征 K 的分量中搜索到的对应位置 i 的特征分量；特征 T 就是接下来输入超分生成网络 G 的可迁移纹理特征，在进行超分之前还需要进行特征的融合，公式如下

$$F_{\text{out}} = F + \text{Conv}(\text{Concat}(F, T) \otimes S) \tag{5-8}$$

式中，F_{out} 是输出的融合特征，Conv 和 Concat 分别表示卷积操作和张量的拼接操作，$\otimes$ 是两边矩阵对应位置上的元素求积的运算；最终将融合特征输入超分生成网络，输出原分辨率影像的重构影像。

5.2.3 遥感影像压缩效果评估

为了验证本章提出的遥感影像压缩方法的技术效果，采用 SPOT-5 遥感卫星的影像对本节所提出的基于任务驱动的遥感影像压缩方法和基于历史影像参考的高倍率稀疏压缩方法进行评估。

(1)试验数据：SPOT-5 卫星拍摄的马德里、德尔纳、瓦伦西亚的影像。

(2)验证指标。

针对卫星遥感影像压缩的效果验证，根据 5.1.2 节介绍的内容，采用以下四

个指标来评价。

①压缩倍数，用比特率(单位为 bpp(bits per pixel))和"原始单幅影像数据大小/压缩后单幅影像数据大小"的比值作为压缩倍数的验证指标，这两项指标存在如下转换公式

$$r = \frac{c \times 2^n}{\text{rate}} \tag{5-9}$$

式中，n 表示影像的位数，c 表示影像的通道数，r 和 rate 分别表示压缩倍数和比特率。

②峰值信噪比(PSNR)，是基于压缩后影像与原影像的误差来对影像质量进行客观评估的验证指标，PSNR 的计算公式如式(5-1)所示，该指标越高说明压缩后的影像质量越好。

③结构相似度(SSIM)，是基于人眼视觉感官对原始影像与重建影像的相似度进行客观评估的验证指标，SSIM 的计算公式如式(5-2)所示，该指标越高说明压缩后的影像与原影像越相似。

④压缩速度，遥感影像用单幅影像的编码时间(单位为 s)作为压缩速度的验证指标，该指标越小说明压缩速度越快。

1. 对基于任务驱动的在轨压缩的效果评估

表 5-1 提供了基于任务驱动的在轨压缩方法与其他方法在 SPOT-5 遥感影像数据集上压缩效果的对比结果。模型的比特率都控制在 0.250bpp 左右。

表 5-1　基于任务驱动的在轨压缩方法与其他方法的对比结果

方法	比特率/bpp	压缩倍数	PSNR/dB	SSIM	压缩速度/s
JPEG2000	0.250	96.00	29.27	0.7422	0.042
HEVC-intra	0.261	91.95	31.77	0.8426	0.127
GMM(Cheng et al., 2020)	0.284	84.51	30.84	0.8041	0.236
本章方法	0.257	93.39	32.54	0.8775	0.109

为便于理解本章方法面向任务所能达到的技术效果，对比 SPOT-5 影像在压缩前后目标检测和语义分割的结果。图 5-13 展示了对于目标检测任务的压缩前后的对比情况(目标检测需要高空间分辨率的影像，因此采用全色影像做验证)，可以看出，在较低压缩率下，本章方法对遥感影像压缩前后的检测结果几乎没有影响。图 5-14 展示了对于语义分割任务的压缩前后的对比情况，同样可以看出本章方法对遥感影像压缩前后的分割结果几乎没有影响。

原始影像　　　　　　　　压缩前检测结果　　　　　　　　压缩后检测结果

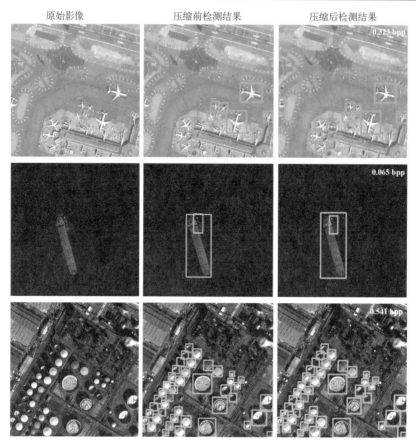

图 5-13　SPOT-5 全色影像压缩前后目标检测结果对比图

输入影像　　　　标注图　　　　压缩前检测结果　　　　压缩后检测结果

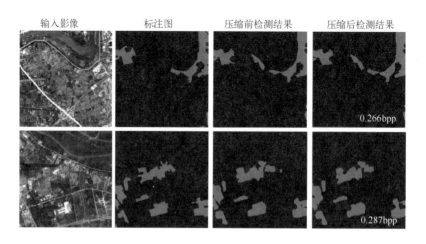

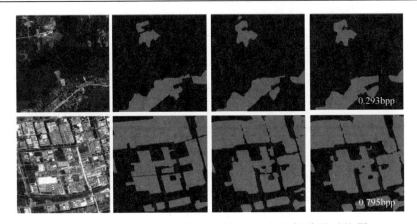

图 5-14　SPOT-5 全色影像压缩前后语义分割结果对比图

2. 对基于历史影像参考的高倍率稀疏压缩的效果评估

表 5-2 提供了基于历史影像参考的高倍率稀疏压缩方法与其他方法在 SPOT-5 遥感影像数据集上压缩效果的对比结果。模型的比特率都控制在 0.250 bpp 左右。

表 5-2　基于历史影像参考的高倍率稀疏压缩方法与其他方法的对比结果

方法	比特率/bpp	压缩倍数	PSNR/dB	SSIM	压缩速度/s
JPEG2000	0.250	96.00	29.27	0.7422	0.042
GMM（Cheng et al.，2020）	0.284	84.51	30.84	0.8041	0.236
VIC（Ballé et al.，2018）	0.311	77.17	29.49	0.7877	0.178
C2F（Hu et al.，2021）	0.310	77.42	28.80	0.7716	0.095
MBT（Minnen et al.，2018）	0.272	88.24	28.07	0.7703	0.221
CAE（Lee et al.，2018）	0.238	100.84	27.50	0.7329	0.273
本章方法与 GMM 结合	0.255	94.12	34.75	0.8875	0.120
本章方法与 JPEG2000 结合	0.300	80.00	30.23	0.8643	0.054

可以看出，采用本章方法进行遥感影像压缩的影像质量高于传统方法以及其他的采用神经网络的最先进的压缩方法，在 0.250bpp 左右可以将 PSNR 提升 0.12%。用单幅影像的编码时间衡量压缩速度，本章方法比其他的采用神经网络的方法编码时间至少减少 50%，且能做到与 JPEG 2000 速度接近，满足在轨应用的时效性要求。

图 5-15 展示了本章方法与其他主流影像编码方法的压缩率失真曲线对比。可以看出，本章方法在 SPOT-5 试验数据集上表现出卓越的编码性能，特别是在低码率下，相比其他方法可以减少 35%～70%编码比特率。

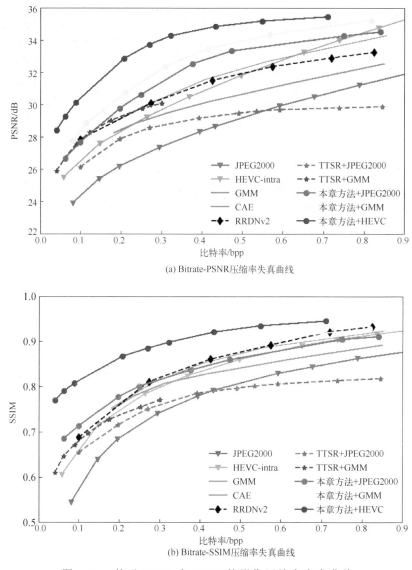

(a) Bitrate-PSNR压缩率失真曲线

(b) Bitrate-SSIM压缩率失真曲线

图 5-15　基于 PSNR 和 SSIM 的影像压缩率失真曲线

　　主观效果如图 5-16 所示，在比特率为 0.25bpp 左右时，即在近 100 倍压缩倍率的高倍压缩下，传统方法 JPEG2000 有明显的伪影，清晰度较差。深度学习方法 GMM 看起来比较清晰，但在恢复的影像中的一些纹理出现了错误，比如上侧的农田和右侧的树木的纹理被平滑了。本章方法在纹理的恢复上做得最好，其解码影像整体看上去是最接近原始影像的，体现了本章方法在遥感影像高倍率压缩下的良好性能。

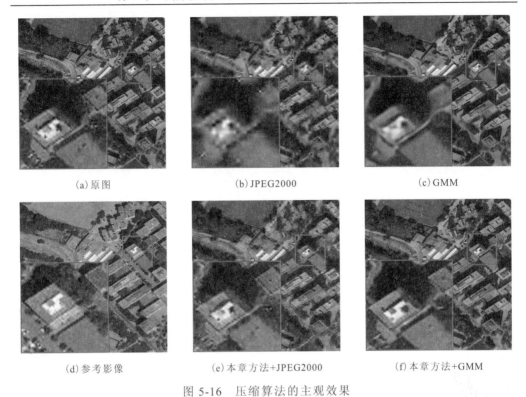

(a) 原图　　　　　　　(b) JPEG2000　　　　　　　(c) GMM

(d) 参考影像　　　　(e) 本章方法+JPEG2000　　　　(f) 本章方法+GMM

图 5-16　压缩算法的主观效果

5.3　高分辨率遥感视频在轨压缩

5.3.1　基于稀疏表征的渐进式压缩

遥感视频涉及时间序列数据，因此需要考虑视频的时序特性，包括运动信息和时序变化，与单帧影像相比，需要更加复杂的处理方法。在编码框架中，多级或多层次的分层结构允许对视频内容进行分层处理，使得不同层次的信息能够以不同的精度和优先级进行压缩和存储。例如，对视频空间域可按分辨率进行分层，分为基础分辨率层和增强分辨率层，以便根据需要对不同分辨率的层进行处理和压缩；对视频时间域可按不同时间精度进行分层，分为关键帧层和非关键帧层，以便在不同时间精度下进行压缩和存储。基于视频内容分层处理和遥感视频数据稀疏性特点的考虑，可采用渐进式字典学习逐步对视频内容做稀疏表征。渐进式字典学习是一种压缩方法，利用字典学习的技术逐渐建立并优化表示视频数据的字典。这种方法旨在通过学习视频数据的字典，以更有效地表示和压缩视频内容.采用基于分层结构的渐进式字典学习视频压缩方法,可以充分利用遥感视频帧间的时间冗余信息,提高遥感视频的压缩质量。

基于分层结构的渐进式字典学习视频压缩方法将一组连续的帧分为参考帧与非参考帧,在编码端对非参考帧进行降采样后再传输,如图5-17所示。在解码端,根据由参考帧渐进式地学习出的字典,利用非参数的方式对稀疏采样的低分辨率影像和高分辨率影像之间的相关性进行估计,对非参考帧进行超分辨率重建。在标准视频压缩方法的基础上,其能得到对非参考帧更精细和稀疏的表达,进一步提升遥感视频的压缩质量与压缩倍率。

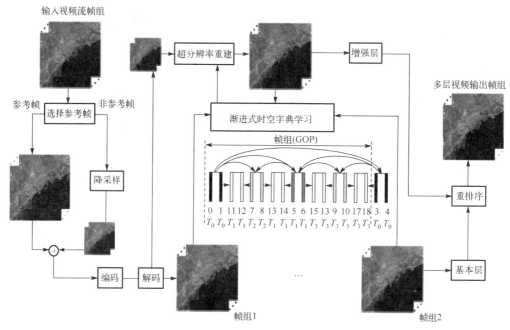

图 5-17　分层结构渐进式时空字典学习方法

在编码端,视频流以 16 帧为一组进行编码。每个帧组的前两帧作为参考帧以原始分辨率影像由标准视频编解码器进行传输,对其余的 14 帧进行降采样作为低分辨率影像进行编码传输。在解码端,初始字典 D_0 由参考帧训练所得,为保持视频的运动一致性,引入沿着运动轨迹方向提取的三维块作为训练集。在时间域采用可分级 B 帧预测结构,B 帧将由上一级参考帧超分辨率重建所得,而重建后的 B 帧将作为本层的参考帧参与到下一层 B 帧的重建中。其中可分级体现在不同的时间级别上,即在影像序列中存在着多个级别的 B 帧,其中某些B 帧可能是由其他层级 B 帧进行预测得到的。在本章方法中,上一级别 B 帧的重建结果被用于下一级别 B 帧的参考帧，这种层级关系可能有助于在不同分辨率或时间精度上进行视频压缩，以提高压缩效率和质量。由于解码顺序与视频帧时间顺序相互独立，对视频帧进行重构，其中，时间层 $T_0,T_1,\cdots,T_k$ 中包含的影像帧独立于层 $T_i(i>k)$ 进行编码。层编号上的数字代表着编码顺序而帧以时间顺序排列。箭头指向为 B 帧重建所用参考帧。

由于降采样所得的高-低频影像具有线性映射关系，在构造字典时，影像块高频信息的表示系数能够用其对应的低频影像块在低分辨率字典上的稀疏表示系数来进行逼近。对降采样后的非参考帧依次通过时空学习字典进行超分辨率重建，能够构造出不同时间层次的高分辨率影像，每次重构同时恢复连续的两帧，进行重排列后的视频编码具有时间可分级的特点。其中"重排列"指的是对于经过超分辨率重建后的影像帧按照其在时间上的顺序重新排列的过程，目的是确保经过超分辨率重建后的每一帧都按照正确的时间顺序排列。将前一层训练出的时空字典作为初始字典，提取重构得到的可分级 B 帧影像中对应的高分辨率和低分辨率的基元块，生成训练集，利用随机梯度下降法实现稀疏表示误差的最小化，学习出该层的子字典基。该字典基能够适应性地表示出高维信号的内在结构，相对于固定基能更有效地稀疏表示视频信号。并且，随机梯度下降法在每一次迭代中仅基于当前训练块最小化代价函数，因此可以实时地接收提取的训练块进行学习，通过提取重构所得影像帧的训练块，字典学习的先验知识增加，能够更稀疏地表达当前视频信号。

为了保持训练块的三维结构，每次预测以两帧影像帧为一组进行重构，由连续两帧的同一位置所提取的基元块，得到了时空字典的训练集。同时字典学习的目的是基于已知的前一层的先验信息以及参考帧的训练集，得到每一层的高-低分辨率子带的映射关系，自适应地学习到一个有效的完备字典基，能够在可接受的误差内稀疏地表示影像视频块，最小化期望代价

$$
\begin{aligned}
f(D_L^k) &= \min_{D_L^k \alpha} \left\{ \frac{1}{2} \left\| \hat{Z} - D_L^k \alpha \right\|_2^2 + \lambda \left\| \alpha \right\|_1 \right\} \\
&= \min_{D_L^k \alpha} E_x \left[\frac{1}{2} \left\| x_i - D_L^k \alpha_i \right\|_2^2 + \lambda \left\| \alpha_i \right\|_1 \right]
\end{aligned}
\tag{5-11}
$$

式中，$\hat{Z}_l$ 为解码的低分辨率帧，D_L^k 为时间层 T_k 的低频字典基，α 为训练集的视频块在 D_L^k 上的稀疏表示系数矩阵，x_i 为从 $\hat{Z}_l$ 中提取的第 i 个训练视频块，α_i 为对应 x_i 的稀疏表示系数，λ 为正则化系数。第一项为低频字典表示误差二范式值的平方，为了约束表示系数的稀疏性，代价函数的第二项为表示系数的一范式值。

随机梯度下降法实时性能出色，通过每次迭代随机选择一个样本块来优化近似期望代价函数，这使得模型在训练过程中实时地利用训练样本进行更新。在每一层的时空字典中，利用了这一特性，采用随机梯度下降法来更新字典原子，$D_{t+1} = D_t - \frac{1}{t}\phi_t \nabla_D l(x_t, D_t)$，$D_t$ 为第 t 次迭代生成的学习字典，x_t 为随机选择的训练样本，ϕ_t 为学习率，∇_D 为关于代价函数 $l(x_t, D_t)$ 对 D 求偏导，降低了计算复杂度和空间占用率，同时可以证明在样本数足够大的情况下近似期望代价函数收敛到 0。其稀疏编码算法由 LASSO 算法实现，字典原子更新过程由块坐标梯度下降法实现。

通过对低频子带的训练集进行学习，得到低频字典基以及训练集在其上最优的 l_1 范数最小的稀疏表示系数 α_L，再通过凸松弛算法模型，将训练集乘以这些稀疏系数 α_L 得到各增强层上的高频过完备字典基。根据学习到的字典基中的高-低分辨率映射关系，恢复非参考帧的高频信息时，利用基于字典的相同稀疏表示关系进行处理。

恢复非参考帧的具体流程如下：①截取影像块的基元区域，并运用正交匹配追踪算法，在学习得到的低频字典基上找到 l_1 范数最小的最优稀疏表示系数 $\hat{\alpha}_L$。此过程确保算法能够以最有效的方式表达影像块。②将这些系数与高频子字典相乘，就得到了高频信息，从而实现了影像帧的重建。此过程确保算法在重建过程中能够保留视频的高频细节，使得重建后的帧更加清晰和准确。该流程实现重建影像帧的同时还结合了遥感视频传输需求，使得所提出的基于稀疏表征的渐进式压缩方法能够逐步地预测出增强层的影像帧。这种逐步预测的方式能够有效地提高视频传输的效率，并在保持影像质量的同时满足实际应用中的需求。

5.3.2　基于遥感视频长程背景冗余的高倍压缩

遥感高清视频序列相比于单幅遥感影像，产生的庞大数据量给星上存储和处理系统带来了更严峻的挑战。遥感视频拥有其自身的特性，其内部的数据相关性还可以被有效挖掘，以此来大幅度增加压缩比。在遥感视频中，除了传统的空间、时间冗余之外，一种特殊的数据冗余在遥感视频中凸显——背景冗余，这是因为遥感场景的背景信息相对稳定。本节基于空间-时间混合编码框架，联合在轨编码-地面解码的框架对遥感背景进行快速高效建模，实现星上的快速、高倍的视频编码，算法流程如图 5-18 所示。

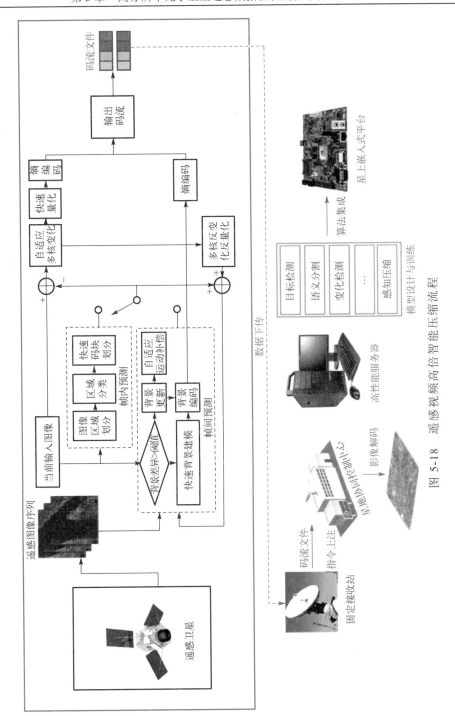

图 5-18　遥感视频高倍智能压缩流程

　　帧内预测部分，采用 5.2 节提出的针对遥感影像的压缩算法就能达到很好的单帧影像压缩性能。但帧间预测部分需要针对遥感视频数据做额外设计。首先，针对遥感视频序列影像，利用分段加权滑动平均的方法进行快速建模。该方法的思想是：在计算滑动均值的过程中，实时地将每个输入像素点的历史像素值划分成若干个数据段。随后，使用加权平均过程，根据每个数据段的均值和长度计算出最终当前像素位置的模型。具体实施过程包括：①初始化建模背景值和对应权重值；②计算当前数据段的分割阈值；③当判断到相邻像素值变化率超过阈值时，则重新创建段长为 0 的新数据段，否则当前数据段段长持续增加；④计算当前数据段的段长和均值；⑤计算和更新建模结果。循环进行步骤②～步骤⑤，最终会对各自位置像素得到平滑建模结果，经过整合可以重构出背景影像。

　　除此之外，针对遥感视频序列影像的背景内容在局部时间内有小幅变化的特点，提出了一种场景内容和编码参数自适应的背景更新算法。该背景更新算法的基本思想可概括如下：建立阈值计算模型，计算当前的背景更新阈值；计算在背景影像之后的影像总编码比特位、背景影像自身的编码比特位；计算二者之间的比值，当大于预设阈值时，对背景影像进行更新，更新过程中选取跳过或帧内预测模式对背景影像中的编码单元进行编码。

　　具体背景更新算法可形式化为

$$\mathrm{BG}_i \begin{cases} \varPhi(\mathrm{BG}_{i-1}, U_i), & \delta > \mathrm{thr} \\ \mathrm{BG}_{i-1}, & \text{其他} \end{cases} \tag{5-12}$$

式中，BG_i 和 BG_{i-1} 分别表示当前背景影像和前一帧背景影像，U_i 表示当前需要被编码的原始输入视频序列，$\varPhi$ 表示背景更新编码方法。另外，使用比例因子 δ 描述背景更新时间，其定义为

$$\delta_k = \frac{\sum_{i=1}^{h} R(I_i)}{R(I_t)}, \quad I_t = \mathrm{Bg} \tag{5-13}$$

式中，δ_k 是比例因子 δ 在第 k 帧时的值，即背景影像之后 k 幅影像的编码比特数之和与编码背景影像的比特数的比值，$R(I)$ 表示编码视频影像 I 所用的比特数，Bg 表示当前背景影像。可以看出，在背景影像固定的情况下，不同的更新时间都各自对应于一个 δ 值，因此可以用 δ 值作为一个衡量标准来判定背景是否需要更新。具体的背景更新流程如图 5-19 所示。

　　根据对遥感视频场景进行分析，帧间变化大多集中在影像中两类位置：运

动小目标(如汽车、飞机和舰船等)和动态变化区域(如云、地质变化和火灾等)。传统方法对前景和背景混合块的运动估计与补偿效率较低,设计基于背景差分编码的自适应运动估计方案,可以使整体编码效率翻倍,前景编码质量也得到明显提升。自适应的运动补偿方式包括:背景差分运动补偿(Background Difference Motion Compensation,BDMC)、背景长期预测补偿(Background Long-term Reference Motion Compensation,BRMC)和短期预测运动补偿(Short-term Reference Motion Compensation,SRMC),算法流程如图 5-20 所示。

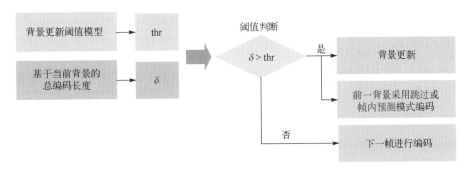

图 5-19　自适应背景更新算法流程图

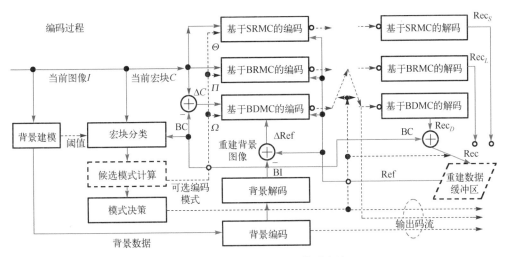

图 5-20　自适应运动补偿算法框架

算法大致分为五个步骤:

①由背景生成、背景编码、背景解码生成原始的背景影像。

②计算 SRMC、BDMC 和 BRMC 下的可用模式。

③SRMC 模式的编码单元使用最近解码的影像做参考帧,BRMC 模式的编

码单元使用原始的背景重建结果做参考帧，BDMC 模式的编码单元使用更新后的背景重建结果做参考帧。

④通过控制信息来决策哪些候选模式可以用来编码和解码当前宏块。

⑤针对时空混合编码框架中计算复杂度较大的率失真优化过程进行优化与加速，基于不同任务提供的区域显著性指标 $S(i,j)$，差异化修正量化参数预测值，保证低码率条件下，提升 ROI 区域的压缩质量。

具体的 ROI 区域的量化参数修正划分如表 5-3 所示。

表 5-3　　ROI 区域的量化参数修正

划分范围	$S(i,j) \leqslant T_1$	$T_1 < S(i,j) \leqslant T_2$	$S(i,j) > T_2$
$QP(i,j)$	$\mathrm{pred}QP + m$	$\mathrm{round}\left(\mathrm{pred}QP + m + \dfrac{m}{T_1 - T_2} \times (S(i,j) - T_1)\right)$	$\mathrm{pred}QP$

5.3.3　遥感视频压缩效果评估

为了验证本章提出的遥感视频压缩方法的技术效果，采用吉林一号拍摄的遥感视频对本章所提出的基于稀疏表征的渐进式压缩方法和基于遥感视频长程背景冗余的高倍压缩方法进行评估。

（1）试验数据：吉林一号拍摄的瓦伦西亚、慕尼黑机场、迪拜机场、德尔纳和马德里的视频数据。

（2）验证指标。

根据 5.1.2 节介绍，对视频压缩方法的验证指标与影像压缩方法的验证指标一致。但评估视频压缩速度采用视频编码的 fps，这一指标与影像压缩不同。

1. 对基于稀疏表征的渐进式压缩的效果评估

表 5-4 提供了基于稀疏表征的渐进式压缩方法在吉林一号拍摄的瓦伦西亚、慕尼黑机场、迪拜机场、德尔纳四个场景遥感视频上的压缩结果。

表 5-4　　基于稀疏表征的渐进式压缩方法在吉林一号遥感视频数据上的试验验证结果

视频名称	分辨率/像素	压缩速度/fps	压缩倍数	PSNR/dB	SSIM
瓦伦西亚	1920×1080	49.8	323.4	28.55	0.8648
慕尼黑机场	1920×1080	59.7	287.4	30.01	0.8686
迪拜机场	1920×1080	29.8	306.8	32.16	0.9444
德尔纳	4096×2160	7.7	319.2	30.69	0.8192

图 5-21 提供了本章方法与其他视频编码方法 H.264 和 HEVC 的率失真对

比。可以看出本章方法无论是在低码率还是高码率时，视频压缩的质量都高于同类方法。

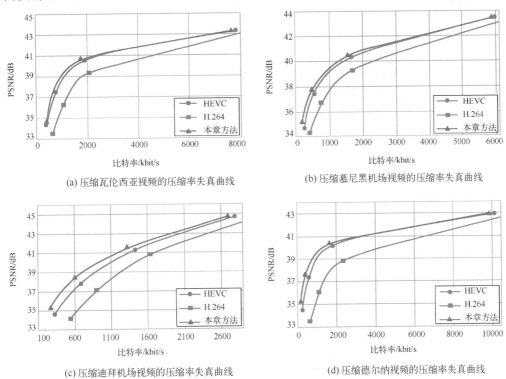

(a) 压缩瓦伦西亚视频的压缩率失真曲线　　　(b) 压缩慕尼黑机场视频的压缩率失真曲线

(c) 压缩迪拜机场视频的压缩率失真曲线　　　(d) 压缩德尔纳视频的压缩率失真曲线

图 5-21　遥感视频压缩方法的率失真曲线

遥感视频压缩的可视化结果如图 5-22 所示。

2. 对基于遥感视频长程背景冗余的高倍压缩的效果评估

表 5-5 提供了基于遥感视频背景冗余的高倍压缩方法在吉林一号拍摄的马德里和德尔纳遥感视频上的压缩结果，其中马德里的视频有两种分辨率。

(a) 瓦伦西亚-遥感视频压缩

(b) 慕尼黑机场-遥感视频压缩

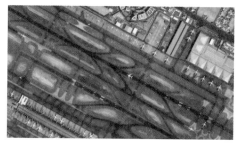

(c)迪拜机场-遥感视频压缩　　　　　　　　(d)德尔纳-遥感视频压缩

图 5-22　遥感视频压缩可视化结果

表 5-5　基于遥感视频长程背景冗余的高倍压缩方法
在吉林一号遥感视频数据上的试验验证结果

视频名称	分辨率/像素	压缩速度/fps	压缩倍数	PSNR/dB	SSIM
马德里视频 1	1920×1080	84.9	207.4	41.21	0.9764
马德里视频 2	4096×2160	19.9	208.9	39.00	0.9893
德尔纳	4096×2160	17.1	211.5	39.80	0.9730

　　针对吉林一号视频数据，本章方法压缩倍数平均为 209.3，PSNR 平均为 40.00dB，SSIM 平均为 0.9796。1080P 视频平均压缩帧率为 84.9fps，4K 影像平均压缩帧率为 18.5fps，可达到近实时编码的速率要求。

　　除客观质量评估外，本节对基于遥感视频长程背景冗余的高倍压缩方法的压缩质量进行了主观评估，将压缩前后的遥感视频对比，如图 5-23 所示。并将

(a)原始视频单帧影像

(b) 解码影像

图 5-23　视频影像高倍智能压缩对比图

本章方法结果与 HEVC 压缩方法对比，如图 5-24 所示。可以明显看出，相比于 HEVC，本章所提出的基于遥感视频长程背景冗余的高倍压缩方法在针对遥感视频的主观质量上有更好的表现能力。

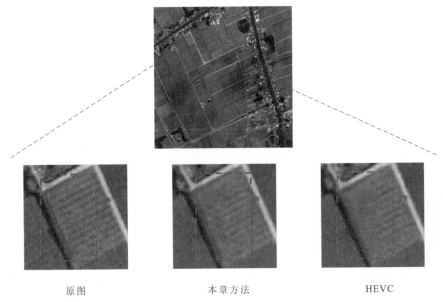

原图　　　　　　　　　本章方法　　　　　　　　　HEVC

图 5-24　基于遥感视频长程背景冗余的高倍压缩方法主观质量评估

5.4　本　章　小　结

　　遥感数据的压缩从初期的预测编码、变换编码到现在工程应用上的混合编码框架，逐步提高了压缩倍数和解码重构质量，为遥感数据的在轨处理与星地协同提供了基础保障。而面向遥感数据逐渐增加的时-空-谱分辨率的大趋势，需要开发更高效的压缩框架来满足未来的遥感实时应用。智能遥感数据在轨压缩是指一系列能根据遥感任务的需求而进行码率自适应的压缩算法。这些方法立足于遥感领域的应用，针对遥感影像的数据特点，实现了高倍率、高质量的遥感数据在轨编码，使遥感影像压缩的研究区别于一般影像的压缩，成为了未来智能遥感卫星数据处理的重要组成部分。

　　本章首先立足高分辨率光学卫星遥感数据在轨智能压缩的背景介绍了面向任务的遥感数据在轨智能压缩框架，着重从在轨压缩框架的重要环节展开，并介绍了在轨实时压缩算法评估体系与评估指标。之后按处理的数据类别将在轨智能压缩方法分为两大类：单幅影像的压缩和视频的压缩。基于任务驱动的在轨压缩是与遥感影像智能分析紧密联系的遥感影像压缩方法，它面向任务需求，对特定任务的 ROI 区域和背景区域分配不同的码率进行压缩，保障了下游任务的精度又符合高倍率压缩的要求。遥感影像是指单幅的影像，往往不含时间冗余信息，但所提出的基于历史影像参考的高倍稀疏压缩利用丰富的历史影像可以引入时间冗余从而对影像做进一步压缩。遥感视频数据是多帧影像组成的影像序列，相比影像多了时间分辨率这一维度，因此视频的数据量会更大，需要的压缩算法也会更复杂。基于稀疏表征的渐进式压缩通过构建完备字典，然后利用字典对非参考帧影像做系数表示，从统计学上降低编码数据的熵。另一方面又训练网络去学习高-低分辨率影像的映射关系，以降采样-超分辨率编码框架实现对遥感影像的空间信息的压缩。针对遥感视频的背景信息相对稳定而产生的背景冗余，基于遥感视频长程背景冗余的高倍压缩采用空间-时间混合编码框架，联合在轨编码-地面解码的框架对遥感背景进行快速高效建模，实现星上的快速、高倍的视频编码。在介绍完影像在轨压缩方法和视频在轨压缩方法后，使用国内外遥感卫星的数据做了压缩方法的效果评估，验证了本章提出的压缩方法在压缩影像质量、编码速度、压缩倍数等技术指标上的优越性。

参 考 文 献

洪宁. 2015. ROI 在遥感图像编码传输中的应用研究. 北京: 北京邮电大学.

王密, 项韶, 肖晶. 2022. 面向任务的高分辨率光学卫星遥感影像智能压缩方法. 武汉大学学报(信息科学版), 47(8): 1213-1219.

Ballé J, Minnen D, Singh S, et al. 2018. Variational image compression with a scale hyperprior//The 6th International Conference on Learning Representations, Vancouver.

Cheng P Y, Kuo C C J. 1995. Feature-preserving wavelet scheme for low bit rate coding. Digital Video Compression: Algorithms and Technologies, 2419: 385-396.

Cheng Z X, Sun H M, Takeuchi M, et al. 2020. Learned image compression with discretized Gaussian mixture likelihoods and attention modules//The 2020 IEEE/CVF Conference on Computer Vision and Pattern Recognition, Seattle.

Cohn D, Melsa J. 1975. The residual encoder-an improved ADPCM system for speech digitization. IEEE Transactions on Communications, 23(9): 935-941.

Giordano R, Pietro G. 2017. ROI-based on-board compression for hyperspectral remote sensing images on GPU. Sensors, 17(5): 1160.

Hu Y, Yang W, Ma Z, et al. 2021. Learning end-to-end lossy image compression: a benchmark. IEEE Transactions on Pattern Analysis and Machine Intelligence, 44(8): 4194-4211.

Huang K K, Dai D Q. 2012. A new on-board image codec based on binary tree with adaptive scanning order in scan-based mode. IEEE Transactions on Geoscience and Remote Sensing, 50(10): 3737-3750.

Jayant N S. 1974. Digital coding of speech waveforms: PCM, DPCM, and DM quantizers. Proceedings of the IEEE, 62(5): 611-632.

Lee J, Cho S, Beack S K. 2018. Context-adaptive entropy model for end-to-end optimized image compression//The 7th International Conference on Learning Representations, New Orleans.

Li J Y, Huang X, Gong J Y. 2019. Deep neural network for remote-sensing image interpretation: status and perspectives. National Science Review, 6(6): 1082-1086.

Li J, Fu Y, Li G, et al. 2018. Remote sensing image compression in visible/near-infrared range using heterogeneous compressive sensing. IEEE Journal of Selected Topics in Applied Earth Observations and Remote Sensing, 11(12): 4932-4938.

Minnen D, Ballé J, Toderici G. 2018. Joint autoregressive and hierarchical priors for learned image compression//The 32nd Conference on Neural Information Processing Systems, Montréal.

Pearlman W A, Islam A, Nagaraj N, et al. 2004. Efficient, low-complexity image coding with a set-partitioning embedded block coder. IEEE Transactions on Circuits and Systems for Video Technology, 14(11): 1219-1235.

Ryan T W, Sanders L D, Fisher H D. 1994. Wavelet-domain texture modeling for image compression//Proceedings of 1st International Conference on Image Processing, 2: 380-384.

Said A, Pearlman W A. 1996. A new, fast, and efficient image codec based on set partitioning in hierarchical trees. IEEE Transactions on Circuits and Systems for Video Technology, 6(3): 243-250.

Shapiro J M. 1993. Embedded image coding using zerotrees of wavelet coefficients. IEEE Transactions on Signal Processing, 41(12): 3445-3462.

Wang H W, Liao L, Xiao J, et al. 2023. Uplink-assist downlink remote-sensing image compression via historical referencing. IEEE Transactions on Geoscience and Remote Sensing, 61: 1-15.

第6章 高分辨率光学遥感卫星实时智能服务系统

珞珈三号 01 星(又称双清一号)是面向国家空天科技重大需求,探索空天信息智能服务新理论、新技术、新装备的重要成果,将人工智能、计算机视觉等技术应用到遥感影像星上处理中,在嵌入式处理平台上实现星上智能处理,回答何时、何地、何目标发生了何种变化,并在正确的时间和正确的地点把正确的数据、信息和知识推送给需要的用户,实现全球范围的遥感信息实时智能服务。

与传统遥感卫星相比,珞珈三号 01 星具备多模、智能、互联、开放四大核心特点。其搭载了具有多种成像模式的轻小型遥感相机,可依据用户的不同需求提供单幅图像、凝视视频、三维立体等观测数据;突破性地实现卫星在轨实时处理技术,将传统星下处理分析任务转换到星上,提升服务智能化、时效性;将星地链路、星间链路与地面互联网、5G 移动通信集成在一起,支持向移动终端用户提供遥感信息实时智能服务;具备开放式的卫星算法平台,可根据不同任务需求在星上安装定制 APP,提供个性化遥感服务。

本章首先针对珞珈三号 01 星智能遥感科学试验卫星进行概述,然后详细介绍了智能遥感卫星实时服务系统的设计与实现,重点对兴趣区校正、视频稳像、云检测、目标检测、影像压缩和变化检测等六大核心 APP 进行了在轨测试,最后从参数上注、全流程服务演示验证等方面对智能遥感卫星实时服务系统进行了综合验证。

6.1 珞珈三号 01 星智能遥感科学试验卫星概述

珞珈三号 01 星是武汉大学联合航天东方红卫星有限公司等单位研制的一颗集遥感与通信功能于一体的智能测绘遥感试验卫星。卫星运行在约 500km 的太阳同步轨道,具备亚米级多模式光学成像、在轨智能处理、星地-星间实时传输能力。卫星总重量约 245kg,星下点空间分辨率达 0.7m,可实现视频、推帧和推扫多种成像模式。卫星具备星上开放式在轨处理软硬件平台,通过应用程序 APP 动态部署开展遥感数据在轨处理与实时传输的科学实验,通过与地面互联网和 5G 集成,实现用户终端的遥感信息实时智能服务。该卫星首次搭载了具有线阵推扫、面阵推帧和视频凝视多种成像模式的轻小型遥感相机，打破了现有单一成像模式，可依据用户不同需求提供单幅图像数据、凝视视频数据、三维立体数据等多种类型的观测数据，具体技术指标如表 6-1 所示。

表 6-1　珞珈三号 01 星主要技术指标

项目类别		技术指标
整星	重量	245kg
	寿命	1～3 年
相机	成像格式	凝视视频、推帧成像、推扫成像
	数据格式	Bayer 彩色图像
	空间分辨率	0.72m@500km
	视频帧频	2～12Hz
	幅宽大小	10km×4km
轨道	类型	太阳同步轨道
	高度	500km
	降角点地方时	10:30am
平台	处理能力	500Gflops
	缓存能力	单板不低于 4GB
	软件接口	开放 API 接口
数传	X 对地数传	300Mbit/s
测控	X 测控	遥控 4kbit/s，遥测 16kbit/s，高速上行 1Mbit/s
	GNSS	单频，GPS/BD 双模
星务管理	处理能力	不低于 50MIPS
	星上自主任务规划，根据目标经纬度自主规划、自动生成指令、自动执行观测任务	

珞珈三号 01 星具备在轨高性能处理平台、开放软件平台，支持在轨灵活加载安装智能处理 APP，有以下四大核心特点。

（1）多模。

卫星具有机动能力强、指向精度和稳定度高的平台，在此基础上可以进行敏捷的高清视频凝视成像。相机的光轴始终指向固定的地面目标点，在成像时间段内通过实时调整卫星姿态对目标点实现连续快速跟踪，满足对热点区域进行最长 90s 的连续观测。另一方面，卫星能够在偏离星下点 35°范围内进行三轴姿态机动，从不同角度动态跟踪目标，实现多角度立体成像。在面阵推帧成像时，通过姿控系统控制光轴指向沿卫星飞行方向在地面匀速扫描，相对地速小于卫星飞行速度，通过控制相机可以拍摄多个单幅图像，每幅图像之间都有一定的重叠，多幅搭接的图像构成一个条带。在推扫成像时，卫星保持在一个固定的姿态，可以进行双 CMOS 组合成像，获取大区域连续影像。如图 6-1 所示，珞珈三号 01 星的这种高清视频、多角度立体和连续区域成像的多模式成像特点，可以满足不同应用场景的观测需求。

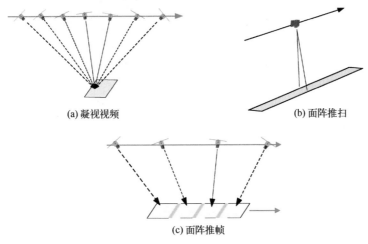

(a) 凝视视频　　　　　　(b) 面阵推扫

(c) 面阵推帧

图 6-1　珞珈三号 01 星多模式成像

（2）智能。

珞珈三号 01 星创新性地提出"任务规划-传感器校正-目标检测-智能压缩"在轨实时智能处理技术体系，解决了海量遥感数据处理不及时的问题。针对系统资源的优化调度问题，实现了任务和资源的精准描述和任务驱动，构建面向移动终端用户服务的地面云中心协同服务机制，实现精准高效的任务驱动。针对星上受限条件下难以实时处理数据的问题，提出任务驱动的星地协同在轨流式处理架构，构建数据迁移和计算迁移的星地协同在轨服务机制，精准锁定兴趣区数据，适配 DSP、FPGA、GPU 异构多核计算平台，实现了任务"边获取-边处理-边传输"。

为了实现星上实时智能信息提取，通过星上搭载的智能处理单元，设计了"地面训练-星上检测-反馈更新"星地联动框架，解决深度学习模型无法迁移到新目标检测的问题，如图 6-2 所示。首次将传统星下处理分析任务转换到星上，有效提升卫星服务的智能化和实效性。对于海量遥感数据传输难、重构质量差，提出卫星遥感影像稀疏表征与在轨高倍率压缩技术，突破单源数据压缩极限，有效去除时序遥感影像数据的长程冗余信息。

（3）互联。

互联是为了实现"卫星-接收站-手机"的相互通信和传输，主要借助地面

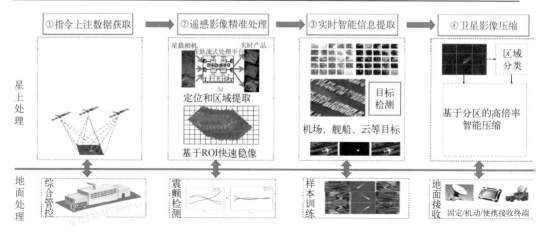

图 6-2 任务驱动的在轨实时智能处理技术

站来进行任务上注和数据下传,完成将星上在轨处理数据分发给移动用户终端。首先针对用户对感兴趣区域或目标的观测需求,通过集成演示验证客户端,提交观测任务需求,地面测控数传站将任务需求上注智能遥感卫星;智能遥感卫星自主任务规划产生任务指令并执行,当卫星过境任务区域时进行成像,获取所需图像;星上智能处理单元实时对数据进行定位、几何校正、云检测、目标检测、变化检测、动目标提取与跟踪等处理,并进行智能高效压缩,经星地传输链路实时下传至地面接收站;最后通过地面网络进行实时分发,通过 5G 手机基站或 WiFi 热点方式将在轨处理结果反馈给用户移动终端,支持向普通大众提供数据获取端到移动终端的遥感信息实时智能服务。这种模式创新性地将星地链路与 5G 移动通信集成在一起,打通了卫星与手机的双向链路,可实现全球范围遥感数据到手机的分钟级智能服务。

(4)开放。

珞珈三号 01 星可提供开放的数据源和卫星在轨算法平台服务,设计了高性能硬件处理平台、开放的软件平台(包括基础操作系统环境、用户 API 函数接口、图像处理基础库、深度学习软件框架等),支持在轨灵活开展多样化智能应用。

用户除了按需订购感兴趣的数据,还可以自主设计开发相关 APP 软件,根据不同的任务需求对星上智能 APP 算法进行灵活的上注、更新与卸载,进行在轨科学实验。目前卫星在轨预装了目标检测、变化检测、图像压缩等 6 款 APP,如图 6-3 所示。

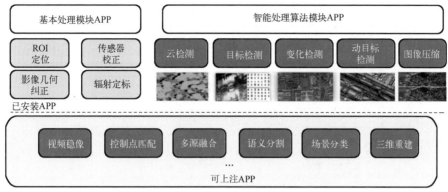

图 6-3　可扩展的开放式在轨 APP 软件

6.2　智能遥感卫星实时智能服务系统设计与实现

　　针对遥感卫星测控、运控、应用系统业务分离，导致资源难以统一调配、无法满足任务实时性需求的问题，自主研发了面向智能移动终端的测运控一体化的应用服务系统，将遥感卫星测控系统、运控系统和应用服务系统集成。测控层实时接收、解析遥测数据，三维可视化卫星的实时位置与状态信息；运控层提供交互式规划任务、自动化生成和快速上注任务指令等功能；应用层实现遥感数据的接收、处理、分发、存储等全流程的自动化服务。系统采用浏览器/服务器架构，支持互联网、局域网、5G 移动网络环境下的智能移动终端用户生成任务请求，实现任务按需规划、任务指令上注、数据接收与终端实时分发，为用户获取"快、准、灵"的遥感信息提供服务平台。

6.2.1　系统组成与功能

　　整个智能遥感卫星实时智能服务系统涉及智能遥感试验卫星系统、通信传输系统、地面集成验证系统以及遥感卫星和中继卫星测运控系统。在卫星系统中，星上智能处理验证系统作为核心组成，负责在轨实时处理。图 6-4 为综合集成服务系统组成示意图。通信传输系统负责保障星地、星间以及地面通信传输链路，为遥感信息的传输提供基础保障。地面集成验证系统提供统一的演示验证平台，管理整个演示验证系统的数据资源、软硬件资源，提供用户可视化界面和操作功能，是智能遥感卫星面向管理者和用户的地面平台。卫星测运控系统是部署在地面站负责卫星遥测遥控与运行管理的地面系统，负责上注任务指令、提供地面集成验证系统卫星遥测数据等。

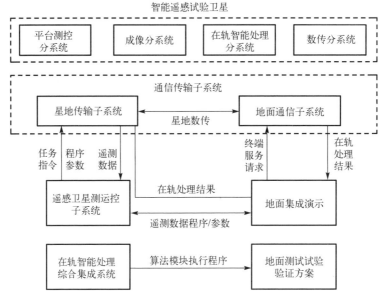

图 6-4　综合集成服务系统组成

地面集成验证系统集成了各个子系统，主要分为业务模块、资源模块、显示模块和系统模块四个部分，其主要功能如下：

①对卫星各类数据，包括原始信号数据、遥测数据、编目元数据、产品数据和全球地图基础数据，进行编目、存储、管理，对于卫星产品提供接口给用户下载。

②全球地图基础数据编目、存储、管理；提供全球地图基础数据离线服务功能，用户可在线缓存或下载地图，保证了在局域网或离线环境仍可浏览。

③提供图层管理功能，能够自主选择加载或隐藏影像、矢量、标注等数据图层。

④提供高度自由的卫星资源(包括卫星、地面站、移动车)管理接口，可添加、删除、编辑卫星资源信息，可对卫星资源图层进行管理。

⑤提供了算子中心和服务中心接口，可按照规范注册、发布和定制算子与服务。

⑥提供了方便直观的任务规划功能，用户可对自己感兴趣的区域发布任务，根据任务规划算法生成任务订单，相应卫星执行任务返回相关产品自动加载到用户终端可视化界面上。

⑦根据用户类型和需求的不同，提供了移动终端系统和客户端系统。移动端系统功能较少、界面更简洁，客户端系统功能完整、界面更丰富。

⑧能够显示卫星当前覆盖范围和轨道，提供了通信信息输入输出接口，可实现卫星、地面站、移动车和用户终端间通信的动画可视化效果。

⑨提供了常用的三维基本功能，包括测量、标注、图元绘制、指北针、比例尺等。

6.2.2　在轨智能处理软件架构

智能遥感卫星星上软件系统采用基于卫星硬件架构和嵌入式 Linux 内核，该系统可为星上智能处理算法提供通用、友好的上层应用环境。包括硬件层、硬件抽象层、操作系统层、系统服务层、通用算法库层、算法应用层等，如图 6-5 所示。

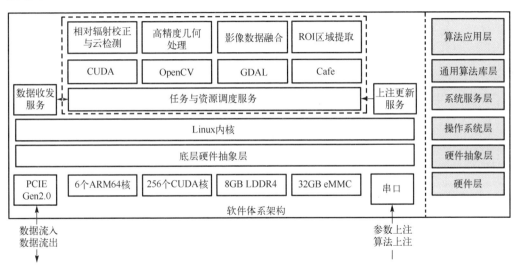

图 6-5　智能遥感卫星星上软件系统

①硬件层：嵌入式 GPU 系统底层各类核心硬件。

②硬件抽象层：基于 CPU、GPU 处理器和 PCIE、以太网、DDR4 RAM、eMMC Flash、SPI、串口等接口构建，屏蔽硬件细节。

③操作系统层：嵌入式 Linux 环境，为星上智能处理算法提供执行环境。

④系统服务层：任务与资源调度服务，根据输入的任务数据量、算法特点和计算量，划分数据块、调度计算任务、使用计算资源，协同完成实时流式处理；数据收发服务，通过操作系统接口，使用 PCIE 接口完成数据的输入输出；上注更新服务，通过操作系统接口，使用串口，实现星上智能处理算法、配置的上注与更新。

⑤通用算法库层：CUDA、GDAL、OpenCV 等通用函数库。

⑥算法应用层：基于通用函数库，实现相对辐射校正与云检测、高精度几何处理、ROI 区域提取、星上数据融合等光学遥感卫星星上处理典型算法。

在智能遥感卫星星上软件系统基础上，构建了一个开放式的在轨智能处理软件架构，如图 6-6 所示，主要包括三个层次。

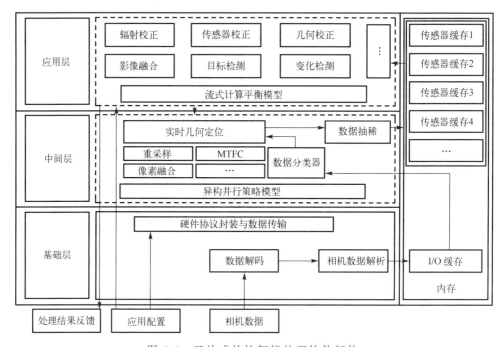

图 6-6　开放式的轨智能处理软件架构

①底层负责与硬件的通信和 I/O 工作，同时维护一个缓冲区，为上层存储图像数据提供临时缓存。一方面，通过维护一个与上层共享的实际大小可以根据需要配置的循环缓冲区空间，同步存储流入的相机数据；另一方面，通过保证发送和接收过程中的数据完整性和一致性，向上层提供数据传输接口，保证上层应用不需要涉及硬件和数据传输细节。

②中间层从与底层共享的循环内存缓冲空间中获取数据，完成对数据的即时地理定位和 ROI 定位计算，并将位置信息提供给应用层。在此过程中，按相机类型和传感器号对传入的数据进行分类。选定的重要数据存储在与应用层共享的独立内存缓冲区中。此外，还为应用层提供了深度优化的基础函数，如辐射校正、几何重采样等。

③应用层为可扩展层，支持部署多种应用，包括辐射校正、传感器校正、

几何校正、融合、目标检测、变化检测等。该层为所有机载应用程序提供了一个标准模板。该模板包括以下要素：程序初始化和配置读取、各级缓冲区初始化、底层函数初始化、中间层函数初始化、应用逻辑、处理结果反馈。其中，应用逻辑部分由不同的应用程序实现，其余部分由模板或调用基础函数完成。同时，该框架还允许用户添加、删除或替换各种应用模块，以满足不同的应用场景需求，如不同的传感器、不同的数据处理算法、不同的控制策略等。

④开放的接口和协议，以开放的接口和协议标准为基础，使得各种智能应用模块可以进行良好的协作，并且可以与其他系统集成和共享数据。

开放式的在轨智能处理软件架为在轨智能应用的开发和部署提供了一种灵活、模块化的方法，使得服务系统可以满足不断变化的需求，同时开放的接口和协议标准也降低了集成和交互的难度，提高了系统的互操作性。在轨智能处理软件框架下的开放在轨应用程序开发规范详见附录。

6.3　智能遥感卫星实时智能服务系统测试与验证

6.3.1　典型算法验证

珞珈三号 01 星在轨实时智能处理系统预装了 ROI 产品生产、视频稳像、云检测、目标检测、影像压缩、变化检测 6 大核心 APP。下面主要围绕各类 APP 关键算法进行实际在轨测试和验证。

6.3.1.1　兴趣区校正

由于在轨处理算力低、数据量大，难以在成像过程中实时完成 ROI 区域的精确提取。基于第 3 章提出的面向星上兴趣区区域提取、星上相对辐射校正和星上高精度传感器校正处理，针对珞珈三号 01 星传感器数据，按照分步求精的策略完成区域精准提取。

处理过程如图 6-7 所示。首先，在成像过程中，每隔固定时间间隔 Δt，对当前成像角点进行计算，并判断由两次计算的角点所构成的区域是否包含目标 ROI 区域，由于 Δt 内只需要完成两个点的计算，耗时极短，可以保证实时完成；当初步锁定 ROI 区域后，利用角点快速构建仿射变换模型，反算求得 ROI 区域的大致像素坐标，并根据该信息提取原始数据；经过以上两步，数据量已显著缩减，此时可根据提取的原始数据和辅助数据，进行传感器校正，从而提取精确的 ROI 区域数据。

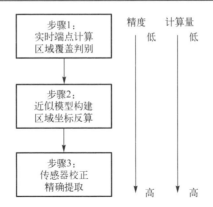

图 6-7　ROI 分步求精提取原理

　　区别于传统以景为单位的影像系统几何校正，ROI 影像系统几何校正在成像时间和成像空间范围上更加灵活，因此，对 ROI 影像进行系统几何校正时，需要依据成像范围动态构建传感器模型。同时，为了保证 ROI 系统几何校正精度，在 ROI 成像范围内依然要考虑平台震颤引起的姿态抖动、影像变形问题；在 ROI 覆盖多片 CMOS 影像时需要考虑影像拼接问题；对于多光谱影像，还需要考虑多光谱影像配准问题；另外还有镜头畸变和 CMOS 变形引起的影像畸变问题等。为了校正这些因素带来的影响，珞珈三号 01 星基于虚拟 CMOS 稳态重成像原理在 ROI 成像范围内动态建立高精度的系统几何校正模型，利用原始严密成像模型和系统几何校正模型的几何定位一致性，建立原始影像与虚拟稳态重成像的坐标映射关系，校正原始影像变形，并解决影像拼接、多光谱影像配准的问题，同时可获取 ROI 系统几何校正影像的高精度有理函数模型，便于后续处理与应用。

　　为了验证在轨实时 ROI 产品处理的效率和精度，选取了珞珈三号 01 星 0 级原始数据分别进行了如下试验测试和分析。

　　①在几何纠正处理中，需要对图像进行划分格网分块纠正，较逐点计算提高运算效率，格网划分越稀疏则处理速度越快，同时精度损失越高；星上环境下依据处理模块的运算能力和处理时间需求，与地面相比更注重处理的实时高效，则配置格网划分更偏向效率，较地面系统处理稀疏。目前地面分块大小为256×256，星上每块大小为 2000×2000。通过异构并行 ROI 处理方法，如表 6-2所示，与传统数据处理方法相比，适配异构多核计算资源的基于兴趣区的处理加速比达到 527.6，处理耗时小于数据时长，基于珞珈三号 01 星在轨 0~2 级产品处理时间延迟小于 5s（大小为 8000×6000）。

　　②在拼接和几何校正过程中必需的数字高程模型（Digital Elevation Model，

DEM)数据，理论上精度越高对处理引入误差越小，但考虑到星上存储环境限制，地面系统所采用的较精细的 DEM 数据不适用于星上处理，则采用格网较粗、存储需求较低的 DEM 数据。目前地面使用 30m 分辨率的 DEM 数据，星上使用 1000m 分辨率的 DEM 数据，带来的误差也是高程误差，在平坦地区可以忽略。如图 6-8 所示，选取了测试影像和参考 DOM 与 DEM 影像密集点匹配，珞珈三号 01 星无控制点几何定位精度可达优于 30m，与地面处理可以达到几乎一致的精度水平。

图 6-8　珞珈三号 01 星测试影像与参考影像匹配精度测试

表 6-2　在轨 ROI 产品生产效率测试

耗时	数据时长/s	0～2 级处理耗时/s	加速比
传统方法	2.7	674.736	1.0
本书 ROI 方法	2.7	2.619	527.6

6.3.1.2　视频稳像

珞珈三号 01 星在实现凝视的过程中，需要不停地调整成像姿态对准固定区域，在成像过程中不可避免地会受到各方面因素的影响，导致视频不能稳定地成像，在结果上呈现晃动的现象。基于 3.4 节提出的带有地理编码的卫星视频在轨实时稳像方法，对珞珈三号 01 星进行了卫星视频稳像处理。

具体流程如图 6-9 所示，采用逐帧运动估计和补偿的策略，在卫星视频帧序列中依次以相邻两帧的前一帧为主帧、后一帧为辅帧，估计辅帧相对于主帧的帧间运动参数，并对辅帧定向参数进行运动补偿，最后在物方空间对视频序列进行地理编码，实现带有地理编码的光学视频卫星物方稳像处理。

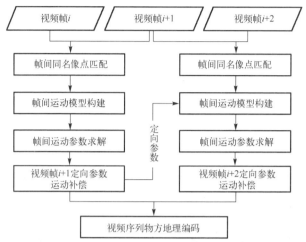

图 6-9　带有地理编码的卫星视频物方稳像流程图

通过稳像处理可以发现将不同的影像背景进行对比,变动的只有前景部分。除此之外,由于成像角度变化过大,观测较高地物时能够发现成像角度的变化。图 6-10 展示了卫星在视频成像过程中,短时间序列下不同角度观测的地面目标。

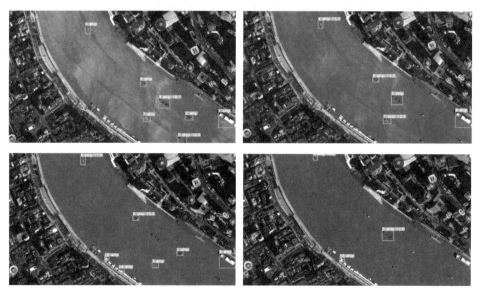

图 6-10　视频稳像产品示意图(上海市黄浦江)
注:本图为视频产品每隔 8 秒抽取的单帧影像,绿色方框为运动船

为了验证卫星视频稳像方法的正确性,利用 2023 年 2 月 27 日拍摄的上海黄浦江卫星视频开展了实验验证。其中,实验数据的视频拍摄时长约为 34s,共计 202 帧。

受视频成像期间卫星平台抖动和卫星定轨测姿等误差的影响，视频序列中相邻两帧之间存在着明显抖动，从图 6-11 中可以看出，帧间几何误差最大近 6 像素。由此可见，原始卫星视频数据的帧间几何精度并未达到子像素级，这将严重制约卫星视频的高精度应用。利用视频几何稳像对辅帧进行运动估计和运动补偿后，可以有效消除卫星平台抖动和卫星定轨测姿等误差的影响，显著提高帧间几何精度，最大误差降低至 0.3 像素以下。

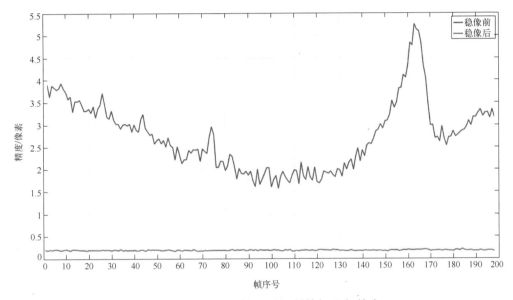

图 6-11　稳像前后的卫星视频帧间几何精度

6.3.1.3　云检测

基于 4.2 节提出的云检测算法，珞珈三号 01 星设计了一种在轨云检测 APP，可用于高分辨率遥感卫星影像中云区域的自动检测。该软件由数据输入与结果输出、影像云区域初始提取和影像云区域后续处理等功能模块组成。数据输入与结果输出模块负责数据的读取与处理结果存储；影像云区域初始提取模块负责获得影像云区域的初始提取结果；影像云区域后续处理模块负责对初始影像云提取结果进行处理，从而获得精确的影像云区域提取结果。

具体流程如图 6-12 所示，首先根据输入影像的光谱属性，使用最大类间方差（OTSU）算法获得影像云边界检测阈值 T_1；然后将 T_1 作为 OTSU 算法中的最小光谱值，求得影像厚云检测阈值 T_2；进一步根据厚云阈值 T_2 获得影像初始云提取结果；然后，对初始云提取结果进行区域增长，将初始云提取结果作为区域增长中的种子点,阈值 T_1 作为区域增长阈值;最后,为了消除一些空洞区域,需要对区域增长后的云区域进行膨胀处理,获得最终的影像云区域掩膜结果。

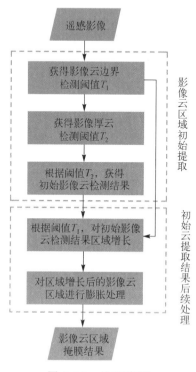

图 6-12　处理流程

　　珞珈三号 01 星在轨云检测 APP 的云检测结果如表 6-3 所示。该软件可完成 5000×5000 大小的影像,检测时间小于 3s,算法的准确率高于 90%。进一步,本书通过可视化的形式来展示珞珈三号 01 星在轨云检测目视结果,从图 6-13 可以看到本书方法针对含云量较高的区域是可以有效地检测出来的,但是对于一些类云或者元素值比高的区域可能会存在一些误检情况。

表 6-3　云检测精度测试结果

目标	图像大小/像素	准确率/%	时间/s
示例 1	7870×5983	95.0	2.57
示例 2	7870×5983	96.5	2.36
示例 3	7870×5983	79.1	2.29
平均		90.2	2.41

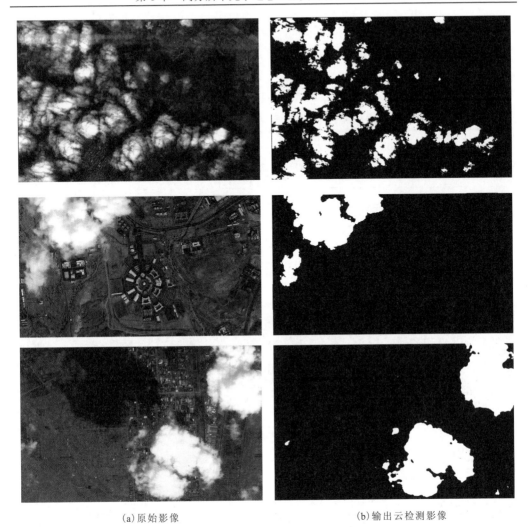

(a) 原始影像　　　　　　　　　　　　(b) 输出云检测影像

图 6-13　珞珈三号 01 星云检测结果展示

6.3.1.4　目标检测

　　基于 4.3 节轻量化的目标检测模型设计，珞珈三号 01 星设计了一种适应在轨环境目标检测 APP，通过地面算法训练、在轨更新、在轨检测、地面反馈更新的星地联动机制，实现对感兴趣目标的快速精准检测。为了进一步提高在轨目标检测 APP 的性能，珞珈三号 01 星通过将在轨目标检测结果反馈到地面训练系统，利用在线学习方法修正深度卷积网络的模型参数，再将模型参数上传到在轨处理系统，基于该反馈机制实现在轨智能目标检测的精度不断提升。珞珈三号 01 星在轨目标检测 APP 采用了轻量级深度卷积神经网络，能够实现星载平台的高效执行。

　　为了验证珞珈三号 01 星在轨目标检测的性能，本书展示了目标检测软件针对不同场景实现的检测结果，包括飞机、油桶以及船舶。表 6-4 展示了在轨目标检测的测试结果，可以看到各指标均表现出较好的结果，召回率和虚警率均超过了 95%。进一步，如图 6-14～图 6-16 所示，本书展示了三种目标的检测结果，可以看到珞珈三号 01 星在轨部署的目标检测软件对常规目标的检测达到了较好的检测效果。

表 6-4　在轨目标检测 APP 性能测试

测试对象	时间/s	召回率/%	虚警率/%
飞机	0.374	94.59	0.00
油桶	0.373	96.67	0.00
船舶	0.371	96.55	3.45
均值	0.372	95.94	1.15

图 6-14　飞机目标检测结果展示

图 6-15　油桶目标检测结果展示

图 6-16　船舶目标检测结果展示

6.3.1.5　影像压缩

本节使用珞珈三号 01 星真实的遥感影像数据，对第 5 章的静态影像和动态影像的在轨压缩方法的压缩效果和实时性能设计星上验证试验，并采用压缩速度、压缩倍数、PSNR 和 SSIM 四种指标，对测试结果进行评估。主要验证第 5 章所提出的在轨压缩方法在珞珈三号 01 星的真实在轨环境下的压缩效果，包括不同类型影像(静态和动态)在压缩过程中的保真度和信息丢失情况；评估在轨压缩方法的实时性能，确保在压缩过程中的速度和效率满足实际应用需求；评估压缩后图像的主观视觉质量，要保证图像失真程度小于人眼可辨识的范围。

影像压缩测试的数据处理流程如图 6-17 所示，压缩算法分为编码端和解码端两个环节。编码端在珞珈三号 01 星上进行，包括多载荷数据稀疏解耦表示、基于参考的数据降采样、任务驱动的智能压缩，其计算设备为星载计算机 Nvidia TX2；解码端在地面进行，包括码流文件反量化和数据解码，其计算设备为搭载了 Intel(R) Xeon(R) W-1350 和 Windows10 的计算机。

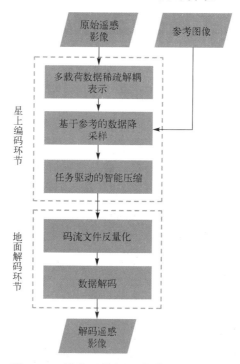

图 6-17　影像压缩测试的数据处理流程

下面分别展示对珞珈三号 01 星静态影像和动态影像的压缩试验验证结果。

1. 静态影像压缩试验验证

使用珞珈三号 01 星真实的遥感影像数据，对在轨静态压缩方法的压缩效果和实时性能进行星上验证，并采用压缩速度、压缩倍数、PSNR 和 SSIM 四种指标，对测试结果进行评估。

（1）试验数据：迪拜、卡诺机场、拉萨布达拉宫、马斯喀特的静态影像。

（2）验证指标。

①压缩速度，静态影像用单幅图像的编码时间(s)作为压缩速度的验证指标，该指标越小说明压缩速度越快。

②压缩倍数，用"原始单幅图像数据大小/压缩后单幅图像数据大小"的比值作为压缩倍数的验证指标，该指标越大说明压缩倍数越高。

③峰值信噪比(PSNR)，是基于压缩后图像与原图像的误差来对图像质量进行客观评估的验证指标，PSNR 的计算公式如第 5 章中式(5-1)所示，该指标越高说明压缩后的图像质量越好；

④结构相似度(SSIM)，是基于人眼视觉感官对原始图像与重建图像的相似度进行客观评估的验证指标，SSIM 的计算公式如第 5 章中式(5-2)所示，该指标越高说明压缩后的图像与原图像越相似。

对多种场景的静态影像进行压缩试验验证，静态图像的验证结果如表 6-5 所示。

表 6-5　在珞珈三号 01 星静态遥感影像数据上的试验验证结果

图像名称	分辨率/像素	压缩速度/s	压缩倍数	PSNR/dB	SSIM
迪拜	3840×2160	2.58	30.2	36.304	0.927
卡诺机场	3840×2160	2.85	30.3	36.559	0.927
拉萨布达拉宫	3840×2160	2.55	31.9	36.45	0.942
马斯喀特	3840×2160	2.65	32.33	36.397	0.901

静态影像压缩的可视化结果如图 6-18 所示。

（b）迪拜-静态图像压缩　　　　　　　　（b）卡诺机场-静态图像压缩

（c）拉萨布达拉宫-静态图像压缩　　　　　　（d）马斯喀特-静态图像压缩

图 6-18　静态影像压缩可视化结果

综合分析静态影像压缩方法的客观评估指标和可视化结果，珞珈三号 01 星采用的在轨静态压缩方法，通过基于 ROI 的影像压缩和基于历史影像参考的高倍率稀疏编码，实现了 4K 的单幅影像平均编码时间 3s 以内，平均压缩倍数 31.2，平均 PSNR 在 36dB 以上，平均 SSIM 在 0.92 以上，可以实现近实时、高保真的遥感静态影像的压缩。

2. 动态影像压缩试验验证

使用珞珈三号 01 星凝视成像的视频数据，对在轨动态压缩方法的压缩效果和实时性能进行星上验证，并采用压缩速度、压缩倍数、PSNR 和 SSIM 四种指标，对测试结果进行评估。

（1）试验数据：迪拜、卡诺机场、拉萨布达拉宫、马斯喀特的视频影像。

（2）验证指标。

①压缩速度，动态影像用编码的每秒压缩帧数（fps）作为压缩速度的验证指标，该指标越大说明压缩速度越快。

②压缩倍数，用"原始视频数据大小/压缩后视频数据大小"的比值作为压缩倍数的验证指标，该指标越大说明压缩倍数越高。

③峰值信噪比（PSNR），是压缩后的视频中每一帧图像 PSNR 的均值。

④结构相似度（SSIM），是压缩后的视频中每一帧图像 SSIM 的均值。

针对动态影像，考虑到相机的场景切换情况，对遥感数据进行增广，将多场景影像进行拼接并测试，动态影像的验证结果如表 6-6 所示。

表 6-6　在珞珈三号 01 星动态遥感影像数据上的试验验证结果

图像名称	分辨率/像素	压缩速度/fps	压缩倍数	PSNR/dB	SSIM
迪拜	1920×1080	14.8	292.6	36.6	0.93
卡诺机场	5304×3008	6.5	276.2	34.0	0.85

图像名称	分辨率/像素	压缩速度/fps	压缩倍数	PSNR/dB	SSIM
拉萨布达拉宫	1976×1136	14.8	298.3	36.5	0.93
马斯喀特	2360×1344	16	285.8	36.7	0.91

动态影像压缩的可视化结果如图 6-19 所示。

（a）迪拜-动态视频压缩

（b）卡诺机场-动态视频压缩

（c）拉萨布达拉宫-动态视频压缩

（d）马斯喀特-动态视频压缩

图 6-19　动态视频压缩可视化结果

综合分析动态影像压缩方法的客观评估指标和可视化结果，珞珈三号 01 星采用的基于稀疏表征的渐进式压缩方法和针对背景冗余的高倍在轨压缩方法实现遥感视频的高倍压缩，并且能满足实时压缩、实时传输的需求，实现了 1080P 视频压缩帧率 14fps，4K 视频压缩帧率 6fps，平均压缩倍数 288，平均 PSNR 在 36dB 以上，平均 SSIM 在 0.90 以上，可以实现近实时、高保真的遥感动态影像的压缩。

6.3.1.6　变化检测

变化检测子系统是针对现有星载高分辨率、宽覆盖的多传感器获取的海量多源多时相数据"传下来的大部分信息无用""有用的关键信息传不下来"等问题在轨进行遥感影像配准、融合、变化检测，快速准确得到地面感兴趣区域或目标的变化信息（灾害预警与灾情评估、典型目标信息提取与识别等），将有用的目标变化信息直接下传，节省传输与存储成本，实现海量遥感数据的稀疏在轨智能化高效处理。珞珈三号 01 星在轨变化检测 APP 基于在轨运行的特点，采用了星地联动的设计理念，主要通过"地面学习-参数上注-星上微调-星上稀疏特征提取-星上变化检测-地面更新上注"的星地联动方式，通过星上数据微调保证参数适用性。

为了更好地展示珞珈三号 01 星在轨变化检测 APP 在轨运行情况，由表 6-7 可知，变化检测软件可完成 2000×1500 左右大小的影像，检测时间小于 2s，算法召回率低于 10%，虚警率低于 10%。进一步，本书针对甘肃兰州七里河区黄河河段在不同时期的可视化结果进行了展示，从图 6-20～图 6-22 可以看到对发生变化区域的提取具有较好的结果。

表 6-7　在轨变化检测 APP 测试结果

目标	大小/像素	召回率/%	虚警率/%	时间/s
示例 1	2100×1500	8.51	5.72	1.10
示例 2	2282×1426	9.50	8.93	0.97
示例 3	2100×1500	8.62	9.46	1.06
平均		8.88	8.04	1.04

图 6-20　2022 年 11 月甘肃兰州七里河区

图 6-21　2023 年 2 月甘肃兰州七里河区

图 6-22　河道变化情况(红色区域表示当前时期河道发生的变化)

6.3.2　系统综合测试

为了充分验证本书提出的技术路线和研究方案的可行性,需要结合在轨智能遥感试验卫星对软硬结合算法进行真实卫星平台系统综合测试。主要包括智能遥感试验卫星在轨测试、精选智能处理算法与参数上注、遥感信息全流程服务测试三个步骤。

6.3.2.1　智能遥感试验卫星在轨测试

智能遥感试验卫星发射成功后,在进行在轨试验前,需对卫星平台、成像载荷、通信载荷等进行系统的在轨测试,使其调整到最佳状态。

卫星平台在轨测试是对卫星整体运行情况的评估测试,主要包括姿态控制精度、姿态稳定度、姿态测量精度、轨道测量精度等。

对成像载荷的在轨测试包括辐射和几何两个方面。对卫星成像载荷及其图像的辐射性能的在轨测试内容包括：调制传递函数、信噪比、相对辐射定标、绝对辐射定标、辐射稳定性、动态范围和响应线性度、CCD 阵列的均匀性等。对卫星成像载荷及其图像的几何的在轨测试内容包括：在轨几何定标、绝对定位精度、相对定位精度、视频图像帧间配准精度等。

对星地固定站通信载荷、星地灵巧通信载荷和星间中继通信载荷进行在轨测试。星地固定站通信载荷在轨测试主要包括对直传、回放、明态、密态等数传模式的验证，并对每一种数传模式进行传输速率、可靠性测试。星地灵巧通信载荷、星地链路和星间中继通信载荷的在轨测试内容主要包括对星间链路的链路捕获时间、传输速率、传输时长、误码率等指标的测试。

6.3.2.2　精选智能处理算法与参数上注

经过一定时期的在轨测试，获取了较为稳定的卫星和载荷参数后，对云检测、目标检测、变化检测、智能压缩等软硬件结合算法，通过智能遥感试验卫星上行链路上注算法、参数及基础数据，并对上注的各类算法进行单体测试和进一步评估，保留其中稳定高效的算法，如图 6-23 所示。

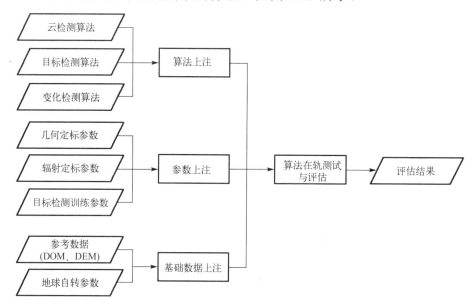

图 6-23　精选智能处理算法与参数上注流程图

6.3.2.3　遥感信息全流程服务测试

在获取了较为稳定的卫星和载荷参数，并上注了较为稳定高效的在轨算法后，可进行全链路综合集成演示验证。根据事件位置、卫星位置、紧急程度等信息，分解任务并上注指令。智能遥感试验卫星执行指令并获取信息后，综合考虑数据量、卫星是否过境、不同链路数据传输能力等因素，选用合适的链路下传数据。最后，对落地的信息准确性、时效性、质量等做出综合评价。通过智能遥感卫星实时智能服务系统接收卫星压缩编码视频数据，测试系统对卫星视频压缩数据的实时处理和推流能力，验证遥感信息全流程服务的快速响应能力。

试验选取了哈尔滨七台河站进行了任务指令上注，通过武汉大学地面站进行信号接收，并转发至星湖楼大数据中心进行移动终端显示。图 6-24 的试验测试表明，从卫星端开始获取数据到用户移动终端接收并显示卫星视频数据耗时小于 8 分钟，实现了分钟级的遥感信息实时智能服务。

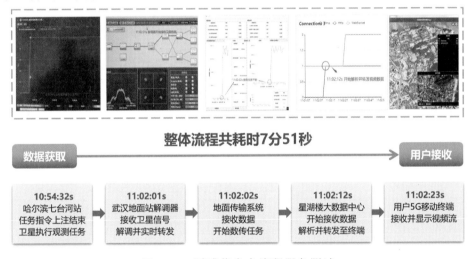

图 6-24　遥感信息全流程服务测试

在星地数据传输业务全流程中，地面站通过遥控上注指令向智能遥感试验卫星提交任务计划，卫星接收到任务计划后控制相机指向目标，开始拍摄并对数据进行压缩处理后，卫星将数据通过星地链路发送给武汉地面站，之后武汉地面站实时将数据转发给地面通信传输系统后，经由地面通信网络，将数据递交给大数据中心，大数据中心对数据进行解析并推流至公网服务器，公网服务器通过地面互联网、5G 移动通信网络或 WiFi 通信网络将数据分发给各智能终端用户。其中，武汉地面站到大数据中心以及到终端之间的数据传输与解析同步进行。其具体过程记录如表 6-8 所示。

表 6-8　遥感信息全流程服务测试过程记录表

步骤	时间记录	说明
指令上注	2023.04.06 10:54:32	七台河卫星地面站进行上行遥控指令上注完成
拍摄与处理	2023.04.06 10:54:33～11:02:00	卫星姿态机动,控制相机光轴指向目标,开始拍摄并对数据进行压缩处理
数据传输	2023.04.06 11:02:01～11:02:58	卫星—武汉地面站—大数据中心数据传输
推送至用户	2023.04.06 11:02:12～11:03:56	大数据中心解析并推流至公网
终端查看	2023.04.06 11:02:23	终端解析并看到视频

从结束上注到终端解析并看到视频一共历时不到 8 分钟,实现了从数据获取、在轨实时处理、遥感信息分发到应用终端分钟级的演示验证目标。

6.4　本 章 小 结

本章首先以珞珈三号 01 星智能遥感科学试验卫星为例,从软硬件架构、软件体系和在轨智能应用框架三个方面对智能遥感卫星进行了概述。然后从总体方案设计、系统功能与组成和在轨智能处理软件架构方面详细介绍了智能遥感卫星实时服务系统设计与实现。最后,对智能遥感卫星实时智能服务应用的新模式进行了测试和验证,包括兴趣区校正、视频稳像、云检测、目标检测、影像压缩和变化检测等典型算法验证,以及在轨参数、算法参数上注以及遥感信息全流程服务测试,结果表明遥感信息从数据获取到信息智能服务仅用时 8 分钟,验证了高分辨率光学智能遥感卫星实时智能服务的高效性。

附录　开放式在轨应用程序开发规范

　　珞珈三号 01 星在轨实时智能处理系统预装了兴趣区校正、视频稳像、云检测、目标检测、影像压缩、变化检测 6 大核心 APP，提供面向移动终端的遥感信息"快、准、灵"实时信息服务。为了满足面向移动终端的遥感信息"快、准、灵"实时信息服务需求，该系统还设计了 APP 在轨高速上注通道，可支持 APP 软件在轨快速上注、在轨安装、运行、卸载、更新等操作，如图 1 所示。下面主要围绕 APP 的关键算法和实际在轨测试进行介绍。

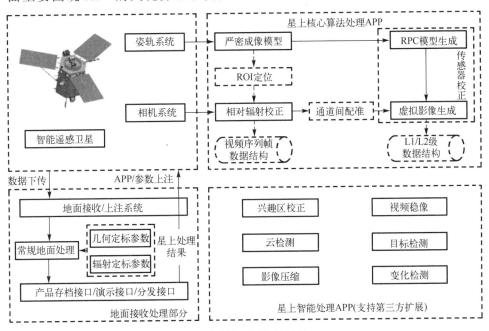

图 1　在轨智能处理框架图

　　(1)核心遥感影像处理程序函数库模块。

　　核心遥感影像处理程序函数库模块是在轨通用遥感信息处理算法的核心，用于支持星上流式格式解析、流式定姿处理、流式几何处理等流程，提供核心基础函数、核心数学运算、几何运算、投影换算、处理流程定义等功能，并且支持提供 GDAL、CUDA 等通用开源基础库，如表 1 所示。

表 1　核心遥感影像处理程序函数库

名称	说明	名称	说明
libipsLuoJia3Model.so	珞珈三号基础框架	libipsWorkflowCore.so	处理流程
libipsAttCore.so	流式定姿处理	liblog4cpp.a	通用开源基础库
libipsBaseCore.so	核心基础函数	libproj.so	通用开源基础库
libipsCSCCore.so	坐标系转换	libproj.so.12	通用开源基础库
libipsMathCore.so	核心数学运算	libsofa_c.a	通用开源基础库
libipsPACore.so	几何运算	libtinyxml.a	通用开源基础库
libipsProcessCore.so	处理方法	libcudart.so.7.5	通用开源基础库
libipsProjCore.so	投影换算	libcurl.so.4	通用开源基础库

(2)智能遥感卫星实时处理基础框架接口说明。

智能遥感卫星实时处理基础框架提供一个基础类(图 2),主要完成星上接口对接、数据解析、姿态轨道处理、辐射校正、几何校正等步骤,可以完成 0~2 级产品生产,用于后续通用 APP 开发。

```
EXPORT_CLASS class ipsLuoJia3Model {
    public:
    /**
    * @brief 构造函数
    */
    EXPORT_API ipsLuoJia3Model();
    /**
    * @brief 析构函数
    */
    EXPORT_API ~ipsLuoJia3Model();

    /**
    * @brief 模型加载,完成数据处理前初始化工作
    */
    EXPORT_API bool RegisterModel();

    /**
    * @brief 处理状态获取
    */
    EXPORT_API bool GetState(bool &state);

    /**
    * @brief 生产零级产品,获取当前时刻拍摄的影像
    * @param L0Image L0影像结构
    */
    EXPORT_API bool GetL0Process(Namespace_ipsLuoJia3Model::ipsImageData
    *L0Image);

    /**
    * @brief 生产一级产品,获取当前时刻拍摄的影像
    * @param L1Image L1影像结构
    */
    EXPORT_API bool GetL1Process(Namespace_ipsLuoJia3Model::ipsImageData
    *L1Image);
```

```
/**
* @brief 生产二级产品，获取当前时刻拍摄的影像
* @param L1ImageL2影像结构
*/
EXPORT_API bool GetL2Process(Namespace_ipsLuoJia3Model::ipsImageData
*L2Image);

/**
* @brief 回传数据
* @param data 回传数据
* @param len 回传数据长度
*/
EXPORT_API bool SendData(char *data, int len);

//销毁实例接口
EXPORT_API bool UnRegister();

 private:
 //运行状态
bool m_stepFlag;
};
```

图 2　开放式 APP 处理框架基础类

(3)影像数据结构 ipsImageData 说明。

ipsImageData(图 3)用于存储相应的图像以及地理信息数据，获取该数据结构之后可直接基于该数据结构进行后续处理。

```
struct ipsImageData{
    //tfw定位头
    ips_float64 header[6];

    //波段数
    ips_uint32 bandCount;

    //影像像素宽
    ips_uint32 width;

    //影像像素高
    ips_uint32 height;

    //相对整体影像的像素偏移x
    ips_int32 offsetX;

    //相对整体影像的像素偏移y
    ips_int32 offsetY;

    //RPC参数
    ipsRpc rpc;

    //投影
    ipsProjMode projMode;

    //中心点经纬度
    ipsPOINT2D centerPoint;

    //每像素量化bit数
    ips_uint32 pixelBit;

    //每像素字节数，扩展支持2字节以外的图像
    ips_uint32 pixelByte;
```

```
//字节数据区
ips_byte* pData[MAX_IMAGE_BAND];

//文件名
const char* filename;

//指针，读写文件用
void* pDataset;

//元数据
ipsImageMeta metaData;

//浏览图
void* pBrowserImage;

//分波段RPC参数
ipsRpc* bandRpc;

//左右黑边列偏移（左正右负）
ips_int32 leftBlankColumnOffset;

ips_int32 rightBlankColumnOffset;
};
```

图 3 开放式 APP 影像结构体 ipsImageData

(4)通用 APP 发布规范。

APP 需满足上传格式要求，包含 bin、data、etc、lib、tmp 等文件夹，以及需要明确 APP 的启动脚本、版本信息等，APP 程序配置说明如表 2 和表 3 所示。

表 2 APP 程序配置说明：APP 发布时压缩包中的文件

目录/文件名	说明
bin	APP 程序所在目录
data	APP 所需的数据目录
etc	APP 所需的配置目录
lib	APP 所需的动态库目录
tmp	APP 临时目录
app_info.ini	APP 启动脚本、版本等信息

表 3 APP 程序配置说明：app_info.ini 文件信息

文件信息	说明
type=1	APP 类型
funcid=1	APP 功能
appid=11	APP 标识，在启动时区分
autostart=0	是否自动启动 APP
version=1.1.1	APP 版本号
start_cmd=ipsLJ03ProcL2APP.sh	APP 启动脚本

(5)标准 APP 开发案例。

标准 APP 开发框架的应用程序执行流程如图 4 所示，其中"应用程序逻辑"由不同的应用程序实现。应用启动后，首先初始化相机数据接收器，再初始化平台数据接收器，然后启动相机数据分类器。这三个都作为独立线程运行，与主线程并发。其中，相机数据接收端独占智能处理单元的高速通道，接收原始摄像头数据到相机数据缓存；平台数据接收器监听智能处理单元的串行接口，将平台数据接收到平台数据缓存；相机数据分类器在通过即时地理定位提取ROI数据的同时监控这两个缓冲区，然后根据配置进行数据挑选，并将分类后的数据存储到传感器缓存中供应用使用。应用完成处理后，使用框架提供的基本函数将处理结果传递出智能处理单元。

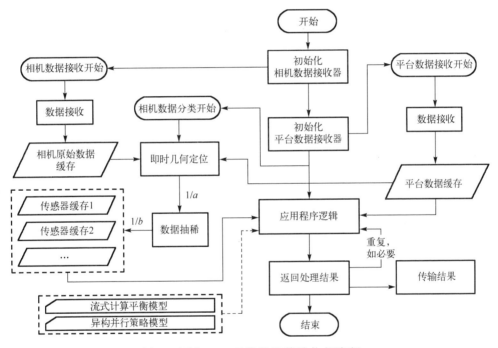

图 4　标准 APP 开发案例算法执行流程